中国（云南）对外科技创新合作研究：南亚及澜湄合作国家

许　鸿等　编著

中国社会出版社
国家一级出版社·全国百佳图书出版单位

图书在版编目（CIP）数据

中国（云南）对外科技创新合作研究：南亚及澜湄合作国家／许鸿等编著．—北京：中国社会出版社，2020.3

ISBN 978－7－5087－6326－2

Ⅰ.①中…　Ⅱ.①许…　Ⅲ.①国际科技合作—研究—中国、南亚　Ⅳ.①G322.5　②G323.505

中国版本图书馆 CIP 数据核字（2020）第 045219 号

书　　名：中国（云南）对外科技创新合作研究：南亚及澜湄合作国家
编　　著：许　鸿 等

出 版 人：浦善新
终 审 人：王　前
责任编辑：杜　康

出版发行：中国社会出版社　**邮政编码：**100032
通联方式：北京市西城区二龙路甲 33 号
电　　话：编辑室：（010）58124864
　　　　　　销售部：（010）58124845
网　　址：www.shcbs.com.cn
　　　　　　shcbs.mca.gov.cn
经　　销：各地新华书店

中国社会出版社天猫旗舰店

印刷装订：北京九州迅驰传媒文化有限公司
开　　本：170mm×240mm　1/16
印　　张：14
字　　数：200 千字
版　　次：2020 年 4 月第 1 版
印　　次：2020 年 4 月第 1 次印刷
定　　价：50.00 元

中国社会出版社微信公众号

本书编委会

许　鸿　路　娜　汪　燕
张航琨　马清清　赵姝岚

前　言

习近平总书记殷切希望云南主动服务和融入国家发展战略，努力成为民族团结进步示范区、生态文明建设排头兵、面向南亚东南亚辐射中心，谱写好中国梦的云南篇章。这是习近平总书记着眼于新的时代背景和全国战略布局，为云南确定的新坐标，明确的新定位，赋予的新使命。

要把云南打造成对外开放新高地、面向南亚东南亚辐射中心，必须进一步深化云南对外科技创新合作高质量发展，加快建设面向南亚东南亚科技创新中心。为此目的和任务，亟待深入研究分析南亚主要国家和澜湄合作各国的科技发展与科技合作现状，尤其是与中国和云南的科技合作需求对接、融通创新，更好地服务和融入国家发展战略。

《中国（云南）对外科技创新合作研究：南亚及澜湄合作国家》一书分南亚主要国家篇和澜湄合作国家篇，主要包括：马尔代夫、巴基斯坦、印度、尼泊尔、孟加拉国、斯里兰卡6个南亚主要国家和老挝、柬埔寨、泰国、缅甸、越南5个澜湄合作国家。

本书重点研究分析了所选国别的科技发展概况，对外科技合作概况，与中国（云南）科技合作现状和需求，以及与云南科技合作的对策建议等。我们衷心希望该书能够为中国（云南）的科研院所、高等学校、高新技术企业及相关部门（机构）“走出去”提供有益帮助，促进中国（云南）面向南亚东南亚和“一带一路”的科技创新合作。

本书在编著过程中得到云南省科学技术发展研究院、云南大学国际关系研究院、云南省社会科学院、中国国际科技合作协会和我驻外使领馆、外交使团、科技处（组）的大力支持，借此机会特致以衷心感谢。

限于编著者专业知识、信息渠道和政策水平，书中表达和提法的不妥之处、编著中的疏漏和错误之处在所难免，敬请读者批评指正。

2020 年 1 月 16 日

目　录

澜湄合作国家篇

南亚主要国家篇

第一章　马尔代夫

一、科技发展概况

（一）基本情况

马尔代夫位于南亚，是印度洋上的岛国，旅游业、船运业和渔业是马尔代夫经济的三大支柱。马尔代夫陆地面积 298 平方千米，加领海面积 9 万平方千米，人口仅 35 万，均为马尔代夫族。马尔代夫本土的科学技术资源相对匮乏，只能通过寻求对外合作来满足自身的可持续发展需要。

马尔代夫科研投入的重点方向有三个方面：一是互联网投入。以互联网产业为代表的马尔代夫信息产业蓬勃发展，随之互联网交易行业及其虚拟商品交易平台都得到了发展。截止到 2016 年，马尔代夫网民已占总人口的 59.1%，拥有宽带的家庭比例占 54.7%。二是开发尖端科技。马尔代夫在农业领域引入新科技，以增加马尔代夫有机食品的产出量。同时引入机器人、无人机运送、电子货币项目等。值得一提的是，马尔代夫政府拟在胡鲁马累建设信息科技产业园，以促进信息科技基础设施及其配套设施的发展以及信息科技培训机构的建设。三是教育投入。随着信息技术的发展及广泛运用，以图书和电脑等教育技术装备为配备重点，全面推进校园数字化建设。

在科技论文发表方面，2010—2016 年马尔代夫的科技论文发表数量均在个位数，最高是 2012 年和 2014 年，各有 9 篇。在高科技进出口方面，马尔代夫2016年高科技出口数额为120美元。①

能源供给一直是小海岛发展的核心问题，马尔代夫也不例外。近年来，开展海岛能源系统的清洁能源整合，成为马尔代夫保障能源供给的重要方向。清洁能源由于可以就近生产，对于地处偏远地区的海岛具有特别吸引力。目前，包括太阳能在内的清洁能源虽然发展前景光明，但仍面临众多挑战，比如公众支持度、政府政策导向、能源供给稳定性、经济成本高低等。2009年，马尔代夫加入气候中和网络，并宣布摒弃石油改用太阳能和风能等清洁能源，预计到2020年底将成为世界上首个实现碳中和的国家。为实现这一目标，马尔代夫着力开发丰富的风能和太阳能资源，通过太阳能板、风能发电机以及投资其他新科技有效减少了对昂贵进口化石燃料的需求，减少了碳排放，对环境保护和促进国家可持续发展作出了积极贡献。作为国家追求碳平衡目标的一部分，马尔代夫国家电力公司和国家新能源部门已经在马累环礁六岛建设太阳能发电项目。

马尔代夫在全国范围内推进数字化建设，电信基础设施和服务在马尔代夫得以迅速发展。然而高昂的本地和长途通话费用、移动电话费用以及互联网使用费用等仍是马尔代夫民众关注的焦点。为缩小社区间数字化差异，让马尔代夫民众享有健康富足的生活以及相关服务设施，政府启动了信息科技发展项目和信息通信技术项目等，以此打破通信系统垄断状况，为电信及互联网市场、手机运营市场营造开放和竞争的环境，并降低用户拨号上网、电话线上网等设施的使用费用。

2003年，马尔代夫政府设立国家信息技术中心（National Center for Information Technology），旨在通过信息通信技术在国内实现电子政务、减贫、提升教育质量、完善基础医疗保健等目的。国家信息技术中心作为政府技

① 根据世界数据图册：马尔代夫科技期刊论文，1960－2017－knoema.com［DB/OL］.https：//cn.knoema.com/atlas/%e9%a9%ac%e5%b0%94%e4%bb%a3%e5%a4%ab/topics/%e7%a0%94%e5%8f%91/%e7%a0%94%e5%8f%91%e6%94%af%e5%87%ba/%e7%a7%91%e6%8a%80%e6%9c%9f%e5%88%8a%e8%ae%ba%e6%96%87，2018－11－29.

术类项目的代理机构和执行机构，肩负着促进、发展和宣传信息科技以及有效使用信息科技的责任。开展的工作包括：建立、运营、维护和发展国家计算机网络；就国家信息科技战略、开发和完成相关信息科技项目等内容向国家信息科技部提出对策建议、评估和研究；协调和发展电子政务、信息系统规划，同时与产业机构和政府机构合作，促进本地信息科技和相关行业的发展；对政府机构及政府附属机构提出的信息计划进行评估及审批；向政府机构和私营部门提供信息技术咨询等。

马尔代夫国内的科技企业也多为信息技术设备或通信设备的销售代理企业、提供私人助理服务的科技企业、移动互联网科技企业、电子商务企业等。如迪拉古公司（Dhiraagu），其在马尔代夫境内引入电子货币服务“迪拉古支付”和电子平台服务“码门（Mamen）”，同时还销售电脑电话设备，顾客可在该公司购置最新款的苹果电脑和手机等。拉尼阿卡科技公司（Laniakea）在马尔代夫境内引入云计算远程访问服务，开展人力资源培训，同时向顾客提供私人助理服务，包括客户体验、声誉管理、酒店管理等。可口可乐公司（Coca－Cola）主要提供顾客网上预订产品服务和免费配送服务等。

成立于1973年的马尔代夫国立大学是一所具有重要影响力、集教学和科研为一体的高等教育机构，其研究和教学内容涉及商务管理、科学技术、工程技术、电子贸易、海事、法律、教育等众多领域。

（二）科技发展战略与政策

马尔代夫的创新和技术政策主要涉及能源、农业、环境等领域，同时针对这些领域提出相应的举措。

引进绿色科技和新能源技术。马尔代夫可再生能源资源丰富，且可再生能源科技潜力巨大。然而截止到2015年，马尔代夫一次性能源生产总量为0，加之发展不当，仍然高度依赖能源进口，导致国家电力价格居高不下。随着经济的发展和人口增长，电力供需矛盾更加突出，为此政府计划大力发展并引进绿色科技、环境科技、新能源技术以及混合动力能源技术，旨在降低对进口矿物燃料的依赖、保障国家能源安全、降低环境改变对马尔代夫的影响以及降低碳排放量实现国家可持续发展，主要涉及太阳能光伏技术和近岸风能技术。同时，为促进新能源的发展和实现碳中和，马尔代夫政府在能源领域启动了新能源投资、能力建设、专业人才培养等一系列项目。预计到2020年末，国内清洁能源的使用率将占到全国能源的70%。

实施国际合作发展战略。目前马尔代夫国内面临的环境问题包括珊瑚和沙石盗采、废物错误处理、土地资源匮乏、海平面上升、淡水蓄水层盐碱化程度严重、海洋资源和生物多样性遭到破坏等。为此马尔代夫实施了国际合作发展战略以解决自身科技资源不足的问题，并促进科技开放，积极加入国际环境公约和制定环保法律法规，加入《联合国气候变化框架公约》《生物多样性公约》《联合国海洋法公约》《保护臭氧层维也纳公约》《控制危险废物越境转移及其处置的巴塞尔公约》；为保护自然环境和自然资源，马尔代夫人力资源和环境部制定了环境法等相关法律法规，并由国家环境保护委员会、住宅和环境部、规划和环境部、国家环境理事会、岛礁管理部、水利和卫生局、旅游部、技术教育院、人力资源和环境部以及渔业、农业和海洋资源部等多部门共同协作处理环境问题。现已出台的环境方面的法律包括《无人居住岛屿法律》《马尔代夫渔业法》《环境保护法》《环境影响评估法》等。

引入国际先进农业科技项目。积极寻求联合国等国际组织的帮助，在农业领域中引进浇灌项目、混合肥料项目、水耕栽培项目等国际先进农业科技项目，扩大了黄瓜、甜瓜、生菜等多种经济农作物种植品种和面积。培植区域也由原来的分割式栽培区域发展为专业的生态农作物种植园，如蔬菜种植园等，促进可持续农业发展。同时，家禽养殖业开始发展。

信息通信科技融入旅游业。旅游业是马尔代夫的支柱性产业，为在国际上保持竞争优势，政府在制定创新性管理战略的同时，把信息通信科技融入旅游业，比如在度假岛屿上配置网络以实现游客预订旅游项目，完善科技基础设施建设，制定人力资源发展政策，引入先进科技经验和科技知识，增加电子商务技能培训项目等。

二、对外科技合作概况

因技术资源的有限性，马尔代夫通常寻求与他国的合作来改善国家的经济和社会环境。需要强调的是，每个国家与马尔代夫开展合作的领域存在差异，如德国关注马尔代夫的环境、气候变化和碳中立等问题，为此双方在新能源引进技术、技术培训等方面展开合作；而马尔代夫与美国则主要在反恐、救灾援助、打击毒品犯罪、边境管控、人员和专业服务培训等领域展开合作。

日本负责与马尔代夫开展合作的机构是日本国际合作机构。该机构通过关注对方需求来制定合作项目，通过多层面的技术支持或技术合作来促进马尔代夫的人力资源发展，加强当地的机构建设和政策制定，以此提升马尔代夫应对环境改变、自然灾害等发展挑战的综合能力。日本国际合作机构与马尔代夫开展的科技合作项目主要涉及技术合作项目、知识创新项目、金融和投资合作项目、援助赠款项目、贷款项目、人力资源合作项目、发展研究项目、水资源/灾害管理/海啸重建项目、环境管理项目（污水处理和地下水管理）等，其合作方式主要包括：（1）向马尔代夫派驻日本技术专家。日本国际合作机构通过派驻日本技术专家，向马尔代夫政府官员和专家提供必要的技术支持和智力支持。同时与地方专家合作进行技术开发和技术传播。包括从除日本之外的第三国派驻专家前往马尔代夫以便更有效地服务于地方需要，如向马尔代夫派驻专家帮助其建立通信部门，完善信息通信网络技术。（2）开展技术培训。日本国际合作机构邀请来自马尔代夫社会和经济发展机构的相关人员前往日本或除日本以外的第三国接受技术培训，从而获取相关知识和技术。截至目前，日本国际合作机构共为1000多名马尔代夫人员提供前往日本接受技术培训的机会，涉及渔业、能源、管理、环境和人力资源等多方面，部分人员因为能力突出成为马尔代夫内阁成员。（3）无偿科技援助。日本国际合作机构计划通过无偿援助的形式与马尔代夫开展技术合作。2017年5月，日本国际合作机构与马尔代夫政府签署协议，提供价值2500万美元的无偿援助，用于发展马尔代夫数字电视广播网络，降低岛屿之间信息获取的差异性、提升灾害预警速度以及提升广播装置的性能等。（4）技术合作项目。日本国际合作机构开展技术合作项目的主要流程是：提出要求（同意）—制订详细计划—专家派驻/技术培训/技术设备—监管项目—项目结果（评估）。截至目前，共有340名志愿者前往马尔代夫，参与教育、农业、旅游业等部门的活动。部分志愿者成立了相关组织，以实现从草根层面加强日本和马尔代夫双边关系的目的。在企业技术合作方面，日本京瓷公司与丰田通商公司和Wakachiku建筑公司合作，为首都马累岛内的学校等10处公共设施安装总容量为675kW的光伏系统项目，每年可以减少二氧化碳排放约146吨。（5）科技研究合作。日本国际合作机构主要通过与各大学和研究机构开展联合研究来促进新科技的研发、新科技的获取和使用，从而帮助马尔代夫应对来自环境、能源和食品领域的挑战，并提升马尔代夫在灾害防治、病虫害防治等方面的能力。

澳大利亚官方资助项目关注马尔代夫的人力资源发展，主要以向学生提供奖学金的方式或者提供长短期培训的方式，援助马尔代夫人前往澳大利亚学习。2007—2016年，澳大利亚共提供了338个长期和短期培训项目，共375名人员前往澳大利亚学习。2016—2017年度以及2017—2018年度，澳大利亚官方每年资助马尔代夫投入380万澳元，向33名马尔代夫学生提供全额奖学金，助其主修经济学、发展和教育、管理和金融等专业。

印度和马尔代夫有着深厚的传统友谊。印度是最早承认马尔代夫独立的国家之一。两国主要在双边层面、地区层面、次区域层面开展合作，涉及教育、技术、卫生、旅游、新能源和可再生能源、环境保护和经贸等多领域。其中在技术领域，双方以信息技术和科技知识分享、联合技术研究、技术应用的长效机制建设、培训和能力建设、预警机制建设等内容为导向开展合作。

马尔代夫和斯里兰卡有着悠久的贸易合作历史。双方合作涉及贸易、技术、渔业、旅游业、教育、卫生、妇女、民生、军事等众多领域。在技术领域，双方主要以交通管理技术、交通管理信息技术、污染物排放控制技术、环境空气检测技术、人力资源能力建设等为合作的主导方向。

国际货币基金组织于 2017 年与马尔代夫、孟加拉国、不丹、印度、尼泊尔、斯里兰卡等国家签署关于建立“南亚培训和技术支持中心”的谅解备忘录。该机构旨在提升马尔代夫等南亚国家的能力建设，并完善其机制建设，以实现减贫和促进发展的目的。机构运作方式是成立国际专家组，并通过这些专家就宏观经济领域和金融领域向马尔代夫等南亚国家提供先进的技术支持和培训。值得一提的是，该机构除接受马尔代夫等成员国的财政资助外，还接受澳大利亚、韩国、欧盟和英国等国家和国际组织的资金支持。

马尔代夫与亚洲开发银行的科技合作始于 1978 年，双方开展了一系列合作项目，包括信息通信科技项目、信息设施建设项目、就业技能培训项目、教育项目、地区发展项目、海啸预警项目等。以信息通信科技项目和海啸预警项目为例，信息通信科技项目旨在增强马尔代夫电信业的竞争力，提升该国的对外联通性，并降低上网资费、保障公众信息服务和在线服务的获取权、促进商业通信发展等。

三、与中国（云南）科技合作现状

（一）中国与马尔代夫合作概况

马尔代夫地处印度洋要道，拥有丰富的海洋资源和广袤的海域面积，是古代海上丝绸之路的重要驿站，也是中国的传统友好邻邦。自 1972 年两国建交以来，中马各领域交流合作稳步推进。中国与马尔代夫的合作领域较为广泛，涉及信息、旅游、医疗、电力、海洋以及基础设施建设等，并在相关领域签署了多个合作谅解备忘录。马尔代夫是中国在南亚和印度洋地区开展“一带一路”国际合作的重要伙伴。2017 年 12 月，两国签署了

《中华人民共和国政府和马尔代夫共和国政府自由贸易协定》，中国成为第一个与马尔代夫签署双边自由贸易协定的国家。2018 年 8 月，中国援建马尔代夫的中马友谊大桥正式通车。可以说，中马合作有长期的传统和现实的成果，两国合作前景广阔。

1. 信息合作

中国民营企业华为与跨国电信运营商合作为马尔代夫提供通信网络服务取得了显著成绩。2005 年，华为与中东北非地区的跨国电信运营商 Wataniya Telecom 在马尔代夫举行签字仪式，宣布网络商用。华为将为 Wataniya 承建在马尔代夫的 2G/3G 共用核心网系统和全套的业务平台，工程还包括覆盖马尔代夫大部分重要岛屿的 3G 接入网设备。这是华为首次进入马尔代夫市场。[①] 2012 年，马尔代夫移动运营商 Wataniya Telecom 宣布已与中国华为公司签署了一份无线接入网络（RAN）的现代化升级合同。基于这份 2500 万美元的合同，华为把 Wataniya 现有的 RAN 升级到了一个新平台，该平台将提供更大的覆盖范围以及更好的语音、数据和媒体服务。2013 年，Wataniya Telecom 正式推出了 LTE 业务，这是当地首次 LTE 商用，该网络的升级也由华为支持。

2016 年，Ooredoo 与华为海洋共同宣布，马尔代夫 Nascom 海缆项目正式启动商用。国家海缆（National Submarine Cable）项目是由 Ooredoo 马尔代夫投资，华为海洋承建的 Turnkey 项目，全长 1200 千米，连接马尔代夫主要的六个岛屿。该系统采用先进的 100G 技术，设计容量为 3.2T，将为马尔代夫的 4G 网络提供骨干网支持。2019 年，马尔代夫领先的电信和数字服务提供商 Dhiraagu 与华为联合，首次推出了 5G 商业化服务，成为南亚第一家推出 5G 服务的公司。

2. 医疗领域

2013 年，中国海军医院船“和平方舟”访马，义务诊治 4000 多名民

① 华为突破马尔代夫市场 共用核心网获商用 [DB/OL]. http://tech.sina.com.cn/roll/2005-08-09/1142687391.shtml, 2018-12-06.

众，受到各界热烈欢迎。2014 年，习近平主席访马期间，双方签署了《中华人民共和国国家卫生和计划生育委员会与马尔代夫共和国卫生部关于卫生合作的谅解备忘录》，国家卫生计生委愿在谅解备忘录下与马尔代夫卫生部共同推进两国卫生合作。

3. 电力合作

2014 年，中国水电与马尔代夫国家电力公司签署了《马累中心电站及电网项目合作谅解备忘录》。作为马政府当年的重点建设项目之一，通过建设一座新的火力发电站及海底电缆，向首都马累岛、机场岛及周边七个岛屿的居民提供稳定可靠的电源。

4. 海洋合作

中马海洋领域合作成效显著。国家海洋局第一海洋研究所、第二海洋研究所都与马尔代夫环境与能源部所属的国家气象局有着很好的合作，马方专家积极参与由中国国家海洋局牵头实施的“印度洋季风爆发监测及其对社会经济的影响”国际合作项目，并多次来华参加相关的国际研讨会和研修班。2014 年，国家海洋局与马尔代夫环境与能源部共同签署了《中华人民共和国国家海洋局和马尔代夫共和国环境与能源部海洋领域合作谅解备忘录》。随着备忘录的顺利签署，双方将积极推动建立长期、稳定的双边合作机制，定期召开联委会会议，进一步加强在海洋科学研究、海洋观测、气候变化、海洋酸化对珊瑚礁群生态系统的影响、海岛保护与管理、海岸带侵蚀整治与修复、海啸早期预警技术等领域的合作。

5. 基础设施合作

2014 年 9 月，中国港湾集团与马尔代夫旅游部签署了《马尔代夫综合基建项目合作谅解备忘录》。备忘录中明确要发挥中国港湾国际承包商的综合优势，为马尔代夫建设包括机场、吹填、岛屿之间交通及相关配套设施，进一步提升马尔代夫的旅游基础设施水平，进而促进该国经济社会发展。2019 年 1—9 月，中国企业在马新签工程承包合同额 3.2 亿美元，完成营业额 5.7 亿美元。

（二）云南与马尔代夫合作需求分析

马尔代夫高度重视科技合作，尤其是新能源技术合作、交通技术管理合作、信息技术合作、农产品栽培技术合作等多领域。云南省在以上几个领域都有发展优势，双方在这几个领域有较大合作潜力。

1. 农业合作

目前云南与马尔代夫的合作模式大多是交流互访、会议参展、商品出口等，双边农业合作较少。然而双方对开展农业合作却有实实在在的需求。马尔代夫可耕地面积相当有限，且自然资源十分匮乏。尽管马尔代夫历届政府积极作为，通过改善当地环境、加大对农业的支持力度等方式来降低进口依存度，农产品仍极为短缺。而农业是云南的传统优势产业，在技术、人力资源、生产力水平等方面发展都较为成熟。2019 年1—10 月，云南农产品出口保持较快增长，农产品出口达 259.9 亿元人民币，较上年同期增长 28%，农产品出口额占同期全省出口额的 31.4%。此外，独特的气候和多种类型的土壤结构，使云南的植物资源异常丰富，加之“一带一路”建设步伐的加快，云南花卉和果蔬产业规模不断扩大，其出口量大幅增长。因此，云南省与马尔代夫在农业方面有突出的合作需求。

2. 医疗合作

云南省坚持预防为主的工作方针，在加强公共卫生体系建设、强化基层卫生服务等方面积累了丰富的经验，可在增进了解、寻求共识的基础上，探索与马尔代夫在卫生领域的合作。马尔代夫国家领导也多次公开高度赞扬中国在传染病防治等卫生领域取得的卓越成绩，希望与中方在慢性病防治、血液病治疗、医疗旅游和专家交流等领域开展合作。云南省可以借助对外医疗援助的模式，依托丰富的医疗援助经验，对马尔代夫开展医疗合作。

四、进一步推动云南与马尔代夫科技合作的建议

随着“一带一路”建设的加速，云南与马尔代夫的科技合作展现出越来越广阔的前景。

（一）深化中国－南亚技术转移马尔代夫分中心建设

深化云南与马尔代夫的科技创新合作走向深入，促进相关部门和机构建立广泛和深入的线上线下合作关系与渠道，围绕云南省八大重点产业、绿色能源、绿色食品、生物医药和健康生活目的地“三张牌”产业和数字经济、智慧旅游建设深化产学研深度融合的务实合作。

（二）建设数字平台，提升科教合作水平

一是在马尔代夫设立“云南科教合作对外交流中心”（或代办处），同时选派具备资质的专家前往马尔代夫国立大学等教育机构开展支教活动等，进一步推动云南与马尔代夫在技术领域的教育合作。二是在马尔代夫设置线上平台或建设数字中心，充分运用高科技多媒体等数字演示手段，开展职业技术教育课程。

（三）利用云南的农业科研优势，提升农业合作水平

双方可考虑在耕作与栽培技术、灌溉技术、土地管理技术、土地复垦技术、人力资源建设等多方面加深合作力度，通过培训讲学、输出农业专业技术人员等方式，提升马尔代夫当地农业科技水平，同时吸引马尔代夫的相关部门和专业人士到云南学习并交流先进的农业技术和经验。此外，通过搭建“马尔代夫－云南绿色食品推介会”等平台，促进双方农业企业的交流对接和农产品贸易。

（四）医疗大健康合作

可借助云南省已经建立的与南亚东南亚国家的医院联盟、无偿援助项目以及云南省十多年的援非医疗队的发展经验，与马尔代夫的主要医院、医务人员培训学校建立合作关系。一是为马尔代夫的医院提供更多先进的医疗设备和医用耗材。二是为马尔代夫的医院培养更多临床医务人员，提高马尔代夫在应对慢性病、热带病以及血液病方面的诊疗水平。三是推进云南省医学院、医务人员培训职业技术学校与马尔代夫合作，培养更多医务人才，深入挖掘双边共同打造健康生活目的地的科技创新合作。

第二章　巴基斯坦

一、科技发展概况

（一）基本情况

1947 年，巴基斯坦宣告独立。巴基斯坦是一个以农业为支柱型产业的发展中国家，国家整体科技水平较低。1972 年，巴基斯坦科技部成立，大幅增加了政府对科研的投入，尤其是军事科学研究与发展。作为全国科技事业、科学普及和国际科技合作的归口管理单位，科技部承担起了制定国家科技发展政策、协调科研经费分配和管理等重要职能。1984 年，巴基斯坦最高科技决策机构——国家科学技术委员会成立，由巴基斯坦总理任主任。2012 年以来，巴基斯坦政府出台了一系列政策，提出国家科技发展的具体目标和战略，强调要以创新引领发展，提高高等教育质量和研发水平，强化产学研合作，鼓励科技园区和孵化器建设等。新政施行对促进国家科技发展起到了积极作用，一大批科学家、工程师、医生以及教育家活跃在科技领域，在物理、材料科学、冶金、生物和化学等领域取得了显著成绩。

据联合国统计，1997—2015 年，巴基斯坦研发投入 GDP 百分比平均值为 0.28%，其中 1998 年为最低值 0.11%，2007 年达到最高 0.63%，以政府投入为主，大约占 75%。每百万人中的技术人才比重为 71.19 人，每百万人中的科研人才比重为295人。① 从领域分布看，研究人员主要从事自然科学研究，其次分别是工程和技术、社会科学、医学、人文科学和其他。2002年以来，巴基斯坦科学家在国际期刊上发表的论文数保持了较快增长，从2004年的0.12%增加到了2013年的0.43%。巴基斯坦科学家在国际期刊上发表的论文主要在医学、农业、生物、化学和工程领域，其中引用率最高的论文是神经科学。

全球竞争性指标是衡量一个国家科技发展的重要指数，根据世界经济论坛的统计，以1至7分为计算，1代表较弱，7代表较好，巴基斯坦的有关指标统计如下：技术就绪指数2.8、创新能力4、高等教育与培训2.8、科学家和工程人员队伍4.3、大学在研发方面的合作3.2、公司研发经费2.9、科研机构高水平3.4。②

巴基斯坦科技优势主要集中在核物理科学、国防科技、化学、太空探索和农业方面。巴基斯坦的核物理技术和爆炸工程技术较为发达。巴基斯坦理论物理学家萨拉姆曾于1979年获得诺贝尔奖，成为到目前为止第一个获得此殊荣的巴基斯坦科学家。巴基斯坦成为世界上第7个已经进行过核爆破的国家。巴基斯坦已成功试射了装载核弹头的、射程达到450公里的潜射巡航导弹。化学是巴基斯坦最强的学科领域，巴基斯坦化学与生物科技国际中心是巴基斯坦最重要的生化研究和教育机构，该机构大约有600名在读博士生。巴基斯坦著名有机化学家阿塔·乌尔·拉赫曼教授于2006年当选英国皇家学会会员，他成为第一位来自伊斯兰国家获得此项荣誉的科学家。巴基斯坦的太空技术主要用于军事领域，如发展太空武器和导弹技术。1990年，巴基斯坦发射了第一颗卫星badr－1。2019年，巴基斯坦科技部部长法瓦德·乔杜里表示，巴基斯坦载人航天计划的宇航员选拔过程将于2020年开始。巴基斯坦的农业科研机构培育出了高产、耐盐碱的水稻新品种、抗病杂交土豆、不

---

① Science and technology in Pakistan [EB/OL]. https: //en. wikipedia. org/wiki/Science_ and_ technology_ in_ Pakistan, 2018－11－6.

② Government of Pakistan Ministry of Planning Development and Reform, Science and Technology [EB/OL]. http: //pc. gov. pk/uploads/docs/Ch25－Science－and－technology. pdf, 2018－11－6.

含胆固醇的高品质油菜籽等。在畜牧业方面，巴基斯坦培育出了优质奶牛品种——尼里－拉菲水牛，其单头奶牛的产奶量居世界之冠。近年来，巴基斯坦在农业生物技术的发展方面也取得了一些进展。国家生物技术与基因工程研究所在世界上首次合成了抗棉花卷叶病病毒的人工基因；国家农业研究中心等机构先后在利用胚胎移植培育良种水牛方面获得成功；医学生物研究中心研制的生物杀虫剂及生物肥料均已在农田上进行试验。①

巴基斯坦国家科技部负责管理全国科技事业、科学普及和国际科技合作，主要职能是：1. 制定及实施国家科技发展政策；2. 根据国家可持续发展和社会经济发展组织实施科技项目；3. 开展巴基斯坦科技能力建设，发展科技人力资源；4. 整合技术基础并提升科技研究能力，建设本土创新能力体系。

巴基斯坦主要科研机构分属于联邦政府的多个部委。其中科技部下属14个重要组织，如科学基金会、科学技术理事会、科学与工业研究理事会、实用技术理事会、水资源研究理事会、职业与住房研究理事会等。这些组织下设很多分支研究机构或实验室。除此以外，还有几个直属于科技部的重要研究机构，包括国家电子研究院、国家硅技术研究院、国家海洋研究院、国家动力研究院和国家科学技术大学以及国家物理标准实验室、国家测试实验室和金属工业研究与发展中心。科技部所属的科技机构其科技经费预算占巴基斯坦整个国家科技经费（民用）预算的1/3。另外两个比较大的研究理事会——巴基斯坦农业研究理事会和巴基斯坦医学研究理事会则分属于联邦政府农业部和卫生与社会福利部领导。与西方国家不同，巴基斯坦的大多数特殊研究项目并不是在研究机构和高校里展开的，而是由特别设置的研究部门进行。这些研究部门大多隶属于巴基斯坦科技部，还有的隶属于巴基斯坦科学院或者政府其他部门。

巴基斯坦原子能委员会是直接由总理办公室领导的科技组织，下属多个研究所。在国防科技方面，巴基斯坦国防部专门设有国防科技组织，国

① 巴基斯坦科技概况［EB/OL］. http：//pakistan. forestry. gov. cn/article/3440/3448/3473/2016－05/20160529－133944. html，2018－11－06.

家测绘、气象以及地质物理方面的研究单位也隶属于国防部领导。

（二）科技发展战略与政策

2012 年，巴基斯坦政府发布《国家科学、技术和创新政策 2012》，首次将创新列为经济发展的重要驱动力，强调了科技创新对促进经济发展的核心作用，提出了要改革科技管理体制、完善研发基础设施、加强产学研合作等措施。

2014 年，巴基斯坦政府公布了《巴基斯坦 2025》，作为该国中长期经济发展蓝图，确定了未来重点发展的技术领域，包括微电子、计算机、电信、纳米技术、人造材料、机器人和生物技术等，提出从 2025—2047 年“三步走”远景战略目标，鼓励公私合营方式开展科技创新与研发。同年出台《科学、技术和创新战略 2014—2018》，提出从培育科技人才、完善科技体制、加快新兴科技发展等方面实现经济繁荣和国家安全、公平、可持续发展的愿景。

二、对外科技合作概况①

巴基斯坦是一个创新能力相对薄弱的国家，在科技上较为依赖其他国家。因此，国际科技合作在巴基斯坦政府科技工作中一直占有举足轻重的地位。科技交流与合作、技术引进被视为提高巴基斯坦科技能力的重要手段。巴基斯坦政府与近 40 个国家签订了双边科技合作协定或谅解备忘录，得到了大量科技援助资金。

美国是巴基斯坦的重要科技合作伙伴以及最主要的资金和技术来源国。2003 年，巴基斯坦科技部与美国国务院签署《科技全面合作协定》，推动双方科技、教育、工程等领域合作。2007 年，双方同意将科技合作基金提高到 1500 万美元，加强巴美研究机构在农业、生物技术、化学、医

① Government of Pakistan Ministry of Science and Technology, Final Year Book 2015 - 2016 [EB/OL]. http://most.comsatshosting.com/files/finalYearbook201516.pdf, pp. 14 - 24, 2018 - 10 - 20.

药、产业研究、工程学、电子技术、材料科学、纳米技术、标准计量、地球科学、疾病监控、水质改善、生物燃料及可替代能源、气象科学以及信息技术等领域合作。美方为巴基斯坦建造同步加速器提供帮助。2005 年始，美国国际开发署开始支持巴美科技合作项目，这些项目主要由美国国家科学院、巴基斯坦高等教育委员会和巴基斯坦科技部执行。

巴基斯坦与南美洲的阿根廷签订了科技合作协议。两国在农业生物技术、海洋研究、太阳能、电子技术、天然产品、材料科学、科技基础设施以及人力资源等领域开展合作。巴基斯坦与智利签署了农业合作备忘录，双方确定巴基斯坦农业研究理事会与智利农业创新基金为双方的对口研究合作机构，进行农业研究及相关领域合作。

2002 年，巴基斯坦与伊朗签署了科技合作备忘录，2015 年两国成立了科技与教育合作联合专家委员会。2016 年，巴基斯坦与斯里兰卡科技创新合作签署协议，巴基斯坦国家科学基金会与斯里兰卡科学基金会达成合作备忘录，2016—2018 年，两国在生物技术、矿产资源、生物盐水农业应用、沙漠化控制、海洋学、可再生能源等方面展开了合作。

巴基斯坦还积极参与多边科技合作和国际组织活动。南方科技促进可持续发展委员会于 1994 年成立，总部设在巴基斯坦首都伊斯兰堡，主席在成员国国家和政府首脑中产生，执行主任由巴基斯坦科技部提名，现有成员国 24 个，均为发展中国家。该委员会团结第三世界国家科技界，针对发展中国家面临的主要问题，开展成员国间的实用技术合作与交流，极大地推动了南南合作。巴基斯坦积极参与南方科技促进可持续发展委员会的事务，就环境保护、科技和创新议题与有关国家进行合作，巴基斯坦科技部部长曾担任南方科技促进可持续发展委员会咨询会议主席。

伊斯兰会议组织科技合作部长级常设委员会成立于 1981 年，目前有 55 个成员国，其宗旨是加强伊斯兰会议组织成员国在科技领域的合作，通过培训加强新兴领域能力建设，落实伊斯兰会议组织的决议和后续行动，涉及和提出伊斯兰国家在科技领域增强能力的计划项目和建议，为成员国研发活动提供支持和帮助。巴基斯坦的科技实力在成员国中处于中上水平，在诸如超级计算机、通信卫星、中程导弹以及核弹爆炸装置方面在伊斯兰国家中首屈一指。

三、与中国（云南）科技合作现状

（一）中国与巴基斯坦合作概况

中国与巴基斯坦的科技合作始于20世纪60年代。多年来，中巴科技合作顺利开展并富有成效，两国已建立起了全天候和全方位的战略合作关系。从1976年，中巴签署第一份“科技合作协定”框架后，到2017年双方实现了400多个科技项目的合作，其中包括专业知识交流、组织科技人员培训以及联合开展科技研究项目等，取得了丰硕的成果。

2013年以来，我国科技部、国土资源部、国家海洋局、农业科学院与巴基斯坦科技部、石油与自然资源部签署了七份合作协议书和谅解备忘录，涉及海洋、可再生能源、农业等领域。2015年，习近平主席对巴基斯坦进行了正式友好访问，并和巴基斯坦总理谢里夫（时任）为中巴科技部共同资助的中巴小型水电技术国家联合研究中心揭牌。随后，两国科技部签署《中巴棉花生物技术联合实验室合作谅解备忘录》，国家海洋局与巴基斯坦科技部签署《中巴联合海洋科学研究中心议定书》，标志着两国科技合作迈上新台阶。2017年，两国科技部部长共同签署了《巴基斯坦与中国科技合作联合委员会第十八届会议议定书（2017—2021）》《中华人民共和国科学技术部与巴基斯坦伊斯兰共和国科学技术部联合研究计划谅解备忘录》等一系列文件，中巴科技联合委员会将新型的ICT领域（包括网络安全、物联网和人工智能）、机器人、先进材料和纳米科学、可再生能源技术、冷藏技术、耐热基因和杂交种子技术、旱地农业和水资源、草药等方面作为议定书优先合作项目。在中巴科技部门共同签署的多个科技合作协议框架下，两国共建了围绕中巴经济走廊的基础研究、可再生能源及纳米材料三个联合研发中心，并将信息通信、大数据、物联网、生物技术、人工智能和海洋科技 6 个领域列为优先发展方向。

中巴双方通过政府间科技合作联委会机制，支持了诸多科学家互访交流和联合研究项目，并在中国 - 南亚科技伙伴计划框架下，支持两国研究机构、大学、企业开展了共建联合实验室、技术转移和示范、科技人员交流等务实合作。

巴基斯坦国家科技大学已与清华大学、西南交通大学、长安大学、北京工商大学等多所中国高校建立了科研合作关系。2016 年，北京工商大学正式成立“巴基斯坦科技与经济研究中心”，并召开“中巴经济走廊与科技合作国际研讨会”。巴基斯坦科技与经济研究中心成立以来，一直致力于促进中巴双方在科技与经济方面的合作，积极推动“中巴经济走廊”沿线城市高校合作计划，目前已成为中巴科技与经济研究的交流平台与智库。

2018 年，中国科学院与巴高等教育委员会签署了关于共建中国 - 巴基斯坦地球科学研究中心（简称中巴中心）的合作协议，将在防灾减灾、资源环境保护与可持续发展领域开展科技合作。2019 年，中巴中心在北京召开中方第一届理事会第一次会议。根据中科院与巴基斯坦高教委的合作协议，双方共同出资建设科研基础设施，并将中巴中心注册为具有独立法人身份的非营利性学术机构，是中国建设海外科教合作中心的一种新模式和新尝试。

中巴在航天领域的主要合作。一是设计、研制和制造各种卫星，包括科学试验卫星、遥感卫星和通信卫星及其应用和有关设施和设备；二是开展各种卫星的发射服务、卫星搭载服务和测控服务；三是空间技术的应用，如遥感技术、探空火箭、微重力试验及设计和研制用于微重力试验的有效载荷回收系统；四是其他和平利用空间方面的项目；五是在空间科学和技术方面的人员培训，共同举行学术讨论会、科技资料和技术人员的交流等。1990 年，巴基斯坦空间与外层大气研究委员会自行研制的第一颗地球实验通信卫星由中国的长城火箭发射升空。2018 年，我国长征二号丙运载火箭从酒泉卫星发射中心以“一箭双星”的方式发射成功，将巴基斯坦遥感卫星一号（“巴遥一号”）和科学实验卫星“PakTES - 1A”送入预定轨道。在中国的帮助下，将在未来三年内派遣第一位巴基斯坦宇航员进入太空。

中国在巴基斯坦核电市场建设中扮演重要角色，巴基斯坦恰希玛核电工程是由中国设计、建造的第一座出口商用核电站，被中巴双方誉为“南南合作”的典范。其中，恰希玛1号、2号30万千瓦压水堆核电机组已分别于2000年和2011年投入商业运行。

巴基斯坦政府重视加强与中国在农业尤其是在杂交水稻、棉花、小麦、油料作物种子等领域的合作，以提高巴农作物产量，进一步发展农业产业。在“一带一路”倡议引领下，中国与巴基斯坦在杂交小麦领域的研究与合作不断推进。从2010年开始，在中国科技部、农业农村部、北京市政府、国家自然基金委及巴基斯坦基金委的联合支持下，在巴基斯坦的拉合尔、白沙瓦等地建立了杂交小麦试验基地，进行适宜巴基斯坦应用的杂交小麦新品种创制；同时，北京市农林科学院还专门建设了云南元谋杂交小麦试验基地，与巴基斯坦方面进行同步试验工作。

（二）与云南的合作

2013年，对发展中国家科技援助项目“巴基斯坦杂交小麦技术援助与试验示范”项目工作会在云南元谋召开，该项目以创制适合巴基斯坦种植的强优势小麦杂交种，大幅提升巴基斯坦小麦单产水平为目标，构建中巴双方杂交小麦国际化商业育种及产业化体系，加快我国杂交小麦从“国内研发”走向“国际市场”。

2014年，科技部与云南省人民政府联合巴基斯坦等南亚相关国家科技主管部门，共同设立中国－南亚技术转移中心，中心秘书处落户云南省科学技术情报院。2017年，中国－南亚技术转移中心巴基斯坦分中心揭牌。随着云南与巴基斯坦的科技创新合作走向深入，相关部门和机构建立了广泛的合作关系与渠道。2015年，云南省农业科学院生物技术与种质资源研究所与巴基斯坦农业研究委员会进行交流访问，在巴基斯坦甘蔗、农业生物资源、生物防控等方面开展合作。2017年，由云南驻巴基斯坦（伊斯兰堡）商务代表处牵头，在巴基斯坦驻成都总领事馆协助下，云南阳光道桥股份有限公司成功邀请巴基斯坦国立科技大学（NUST）代表团到访昆明，与阳光道桥就路桥技术创新、项目开发、人才培养合作事宜进行了磋商，并最终签署合作备忘录。2018 年，云南省科技厅与巴基斯坦驻华大使馆举行座谈会，巴基斯坦驻华大使馆科技参赞阿塔·乌尔·拉赫曼博士、省科技厅娄垂新副厅长参加了会议，对大背景下的滇巴科技合作进行了深入交流。同年，巴基斯坦全力支持和组织参加了在昆明举行的第三届中国－南亚技术转移与创新合作大会，并积极协助了同期举办的中国－巴基斯坦技术转移对接专场活动的工作，组织遴选了一批青年科学家参加“南亚青年科学家科技创新中国行”。

（三）合作需求浅议

中巴经济走廊（CPEC）是多个项目的整合。中国已经投资或承诺投资 620 亿美元用于基础设施、发电、光纤连接、铁路、机场和工业，在过去几年中顺利实施。大部分早期项目已经完成或处于完工后期阶段，巴基斯坦电力、道路网络得到巨大改善。中巴经济走廊一期工程主要集中在发电和基础设施建设，存在投资规模大、投资周期比较长的特点；二期工程主要集中在农业、工业和社会发展等领域，对巴基斯坦的经济带动作用将会比较明显。瓜达尔港一部分已投入运行，在建筑完工后，它将成为这个地区唯一拥有 5 亿吨货运能力的深海港口，彻底改变传统贸易模式，对中巴工业和科技合作带来巨大的机遇。“一带一路”是中巴合作理想的发展模式，中巴科技合作与产业经济的紧密结合，必将创造更加美好的新篇章。云南可发挥温室大棚建设和花卉、蔬菜种植优势，向巴基斯坦输出科技含量高、经济效益好、资源消耗低、环境污染少的“绿色企业”和实用农业科学技术，促进瓜达尔港更好、更可持续的发展。作为一个多山国家，巴基斯坦在道路、桥梁等建设方面有很大的设备和专业技术人才需求，可充分利用云南省内企业及专业院校资源向巴方进行技术设备输出和专业人才培养。

云南省与巴基斯坦的科技合作需求较大，具体体现为以下方面：一是在农业领域开展科技合作。双方可共享优势科研平台和种质资源，持续开展一系列关键技术联合攻关研究，开展优良品种的培育和现代育种技术的运用，加快双方农业现代化发展。二是在有色金属领域开展科技合作。云南省和巴基斯坦有色金属资源十分丰富，双方可加强在有色金属开采技术、运用技术等方面的合作。三是在生物医药领域开展技术合作。目前，巴基斯坦几乎95%的制药原料都是进口的，这在一定程度上造成巴基斯坦药物价格相对较高。云南省是世界著名的植物王国，可为巴基斯坦提供制药原料，并共同开展新药研发。

四、进一步推动云南与巴基斯坦科技合作的建议

巴基斯坦是“一带一路”沿线的重要国家，云南省应充分借助地缘优势，发挥云南省的“纽带”和辐射作用，主动服务和融入国家“一带一路”倡议，发挥好国际科技合作在面向南亚东南亚辐射中心建设中的重要作用，基于双方需求，全方位推进科技合作。

（一）加快构建互联互通信息平台

针对科技合作信息不对称、不及时的问题，建设以科技信息资源、科技政策的汇聚、分析、加工、再利用为一体，基于大数据的互联互通信息平台。一方面建设科技成果及先进适用技术供给、企业需求、重大项目数据库，将高校院所的先进适用技术和实用科技成果按领域、行业整理入智慧库，储备智力资源。另一方面实现云南省科技资源对外展示、传递科技合作需求等功能，促进区域间科技资源的开放共享，促进创新要素自由合理流动，推动科技成果直接面向巴基斯坦市场。

（二）加快推动重点产业科技项目合作

组织实施一批特色鲜明的、面向巴基斯坦技术转移的重点项目，创新项目组织方式，以项目为抓手，通过项目形成合作的长效机制。密切结合产业经济发展需求，以及共同面临的全球气候变暖、减贫减灾等技术发展需求，云南可发挥技术优势，围绕中巴经济走廊建设，向巴基斯坦输出科技含量高、经济效益好、资源消耗低、环境污染少的绿色实用技术，在巴

基斯坦推广应用，双方应不失时机加强在绿色能源、绿色食品、生物医药和大健康、数字经济等新兴技术方面的合作。同时，为了改善巴基斯坦电力短缺的现状，可优先推动我国太阳能利用技术转移到巴基斯坦，建立太阳能示范和项目基地。云南省在太阳能和风电技术运用方面已具备一定领先经验，可推广到巴基斯坦。

（三）加快共建创新创业合作基地

支持企业、高等学校、科研院所按照国际规则在巴基斯坦设立海外研发中心、产业化基地，共同推动双方融入全球产业链、技术链，提升全球竞争力。支持与巴基斯坦有关机构共建农业种业创新基地、海外科技合作示范园等，进一步加强在绿色能源、绿色食品、生物医药和大健康、数字经济等新兴产业领域的技术合作。大力推动科技成果转移转化，充分发挥中国－南亚技术转移中心的主体作用，促进科技创新资源与成果向巴基斯坦辐射转移。

（四）加快构建科技合作网络体系

基于双边需求，构建科技合作网络体系，以互联、互通、共享为目标，发展中巴两国各类创新主体、行业组织、服务机构、产业园区、投融资机构等加入合作网络。充分利用线上线下合作资源，开展双边合作，推进实体服务与网络服务协作。培育一批与国际接轨的技术转移示范机构、科技成果登记机构、技术合同认定登记机构、创新驿站、科技金融服务机构等专业服务机构和技术经纪人。

（五）深化人力资源合作与交流

充分发挥中国与巴基斯坦的传统友谊，加强双方专家和团队深度交流与合作，积极促进巴基斯坦科技管理部门和科技人员参加我国科技部支持的各种技术培训班、研讨班等。组织相关科研人员参观我方相关机构和单位。利用援外基金和外交部友谊基金等，务实深化巴基斯坦青年科学家赴华和赴云南工作机制。

第三章　印　度

一、科技发展概况

（一）基本情况

1. 发展概述

印度历来高度重视科技发展，科技兴国是印度长期坚持的方针。自1947年印度独立后，为把印度建设成为现代化工业强国和世界大国，历届政府都不遗余力地推动国家现代科技建设，投入了大量人力物力，积极开展信息技术、航空航天、能源环保、生物医药和海洋等领域高科技研发，取得了令人瞩目的成就。

近年来，尤其是2014年莫迪政府执政以来，印度将“工业化”“科技创新”作为国家发展的关键，相继出台了“印度制造”“数字印度”“创业印度”“智慧城市”等一系列战略方针，依靠科技创新推动国家发展，取得重要进展。在“印度制造”“数字印度”等系列新政的指导下，2016年，印度信息技术产业对GDP的贡献上升到了9.3%。2018年，印度研发投入同比涨幅高达8.27%，以832.7亿美元的高投入位列全球第六。生物技术被印度科学部部长称赞为印度队“最佳击球手”，印度制药业更是在全球扮演了越来越重要的主流角色。经过多年发展，印度卫星的研发和应用技术已达到或接近国际先进水平，其运载火箭技术也不断取得突破性进展，印度已成为继美国、俄罗斯、欧洲航天局和中国之后第五个掌握“一箭多星”发射技术的国家。印度科技管理体系日趋完善，促进创新创业的环境良好，科研投入持续增长，科技发展迅猛，论文、专利、高科技出口份额等增长迅速。2019 年，莫迪以巨大优势赢得印度大选，开启第二任期，其连任以后，“印度制造”“数字印度”等国家战略成为未来一段时期内印度科技发展的主要方向主导。

2. 科研投入

印度财政研发投入占 GDP 比例不足 1%，政府研发投入约占 50%。研发支出以政府投入为主，研发投入中超过 50% 经费来自政府。制药、运输和信息技术业为研发投入的前三名。从科研费用的行业分布角度，前十名为制药业、运输业、信息产业、国防工业、燃料、化学、生物技术、电子电动业、冶金、电信业。值得注意的是，总研发投入最高的制药业、生物技术产业，几乎全部来自私人投资，化工、运输业和信息产业绝大部分研发投入来自私人投资。

2015 年，印度科技投入为 664.9 亿美元，研发费用占 GDP 的比重为 0.6274%。在研发支出构成上，以政府投入为主。具体而言，印度 55.4% 的研发经费来自中央政府财政，私营部门投入占 27.9%，各邦政府投入占 7.3%，非政府公共部门投入占 5.3%，高等院校投入占 4.1%。此外，平均每家企业将其销售额的 0.61% 用于研发。国有企业的研发占销售额比例为 0.27%，私营企业的比例为 0.82%。2016 年的科技投入为 714.8 亿美元，2017 年为 775 亿美元（见下图）。

3. 科技产出

印度科研论文数量在 2006—2016 年的十年间大幅增长，在金砖国家中仅次于中国。据《UNESCO 科学报告》统计，印度科学论文数量排名第 9 位，有望在 2020 年赶上欧洲科研强国。印度被引论文的较高科研领域主要为工程、物理、计算机、材料学、社会学、数学、空间科学、环境生态学、化学、精神病学和心理学。工程学、物理学、计算机科学三领域论文影响力超过世界平均水平，未来最具前景。

从专利申请增长趋势看，印度每年约以 16.6% 增长速度渐进式发展，有望成为金砖国家中继中国、俄罗斯后第三。印度专利主要集中在计算

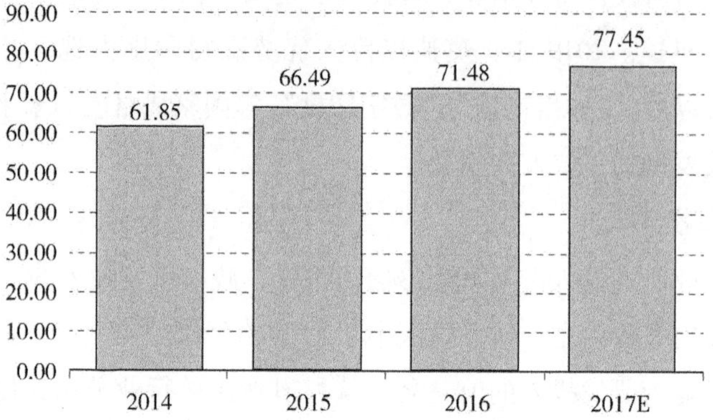

2014—2017 年印度科技投入（单位：10 亿美元）

资料来源：Science and Technology Development in India, https://www.ibef.org/industry/science-and-technology.aspx, 2018-11-18.

机/电子、机械和化工三个领域，约 60% 专利来自外国申请者，主要是美国、日本和德国。在全球范围内相比较，印度在制药、农业化学、食品洗涤剂、水处理和生物技术、化学品等领域专利申请活跃。

据联合国教科文组织统计，截至 2015 年印度科研技术人员 52.82 万人，其中研究人员 28.30 万人（占 53.6%），技术人员 12.52 万人（占 23.7%）。在政府科研院所和高校的超过 70%，超过 20% 的受聘企业。2015 年印度每百万人研发人员 403 人，与中国差距较大。印度人才流失严重，海外移民约 3000 万人，流失的高端人才中 80% 在美国。

（二）印度科技发展战略与政策

1. 印度科技发展的主要政策

从 1958 年到 2013 年，印度相继出台了 4 个国家科学政策决议。《印度科技政策决议（1958）》提出“促进、提升和稳定”“培育全方位的科学研究”。《印度科技政策（1983）》强调科技能力和自我需求。《印度科技政策声明（2003）》将科学和技术合并，并强调对科技的资金投入。该声明呼吁将社会经济部门与国家研发体系相结合，以解决国家实际问题，并建立国家创新体系。印度国家科技创新体系主要由中央政府研发机构、联邦政府研发机构、高等院校、企业、私人非营利机构和协会组成。一直以来，印度政府通过出台科技政策、计划和措施，来实现其推进科技创新的战略意图和布局，通过制定实施“五年计划”来指导国家发展。2013 年印度印发《第十二个五年计划（2012—2017 年）》，对科技发展目标进行规划，并对各重要科技管理部门制定了具体指标。

21 世纪以来，印度科技部于 2000 年发布了《技术转移与知识产权指导意见》，以调动科研人员积极性。主要政策包括鼓励研究机构知识产权保护，推动专利成果商业化开发，允许专利持有机构保留知识产权收益，研究机构可以使用知识产权收益的 25% 建立“专利促进基金”。2008 年，参照美国《拜杜法案》，印度商工部联合各部委向议会提交了《公共资助研发知识产权保护与应用议案》，被称为印度版的《拜杜法案》。该议案试图通过立法解决科研成果转化难和商业化难的问题，不过增加的防止科研人员滥用知识产权的惩罚性条款在各界引起热议至今。2010 年推出《印度十年创新路线图（2010—2020）》，2013 年颁布《国家科学技术和创新政策》，旨在推进科技创新，开辟高科技主导的发展道路，实现更快、可持续和包容性增长，在 2020 年跻身世界科技五强。新的科技政策重点关注加大科研投入、培育创新人才、关注重点领域、支持创新创业、营造创新生态等五个方面。优先关注农业、通信、能源、水管理、健康、制药、材料、环境、气候变化等领域，通过重大战略专项、提升研发强度，刺激高科技发展与出口产品。

2013 年颁布的《国家科学技术和创新政策》，一是大力加强对研发和创新创业的支持。出台科学家创新收入提成法案，规定在抵扣专利保护与应用的相关费用后，科学家可以从其创造的知识产权收入中得到至少 30% 的份额，以提升公共科学研究机构的吸引力，促进公共研究机构知识产权产业化。二是建立新型科技创新孵化机制与商业模式。如推动建立“小创意 - 小利润”机制与“风险创意基金”机制。特别注重探索可以大规模推广的科技创新商业模式。三是培养创新人才。强调支持刚入行的创新人员和企业家们，为他们提供教育、培训和指导。四是推动传统知识与现代科技的结合和跨学科研究。力图从传承千年的印度传统知识中挖掘智慧，寻找传统知识与现代科技创新的交融，应对当前面临的挑战。五是科技创新要促进社会和谐。印度科技和创新系统努力解决国家面对的紧迫挑战，包括推动实现能源独立、食品与粮食安全、建立全民医疗、建立自然环境资源管理等国家关键问题。六是科技创新政策与包容性经济政策紧密融合。一方面要持之以恒开展高新技术方面的国际贸易竞争，另一方面强调科技要为金字塔底层的人民提供用得上、买得起的产品和服务，要走出一条科技创新与包容性发展融合发展的道路。七是解决好数据共享与知识产权问题。八是以国际合作推动科技创新。大力开展科学外交、技术协同和技术获取。①

2014 年，莫迪政府推出“印度制造”“数字印度”等系列国家战略，引导科技资源布局调整，力争实现打造全球制造业中心、建立公共服务中心网络、建设智慧城市等科技创新目标。莫迪执政以来，“五年计划”逐渐淡出，“印度制造”“数字印度”等国家战略成为科技发展的指导。2016 年，印度印发《2035 科技展望》，绘制了个性化医疗、即时翻译软件等 12 个行业的科技发展路线图。2016 年，印度启动“创业印度和崛起印度”计划，简称“创业印度”计划。“创业印度”实施几年来成效显著。创业投资规模和企业数量显著增加，平均每天诞生 3—4 家初创公司；创业涵盖电子商务、数字经济、大数据分析、云计算、人工智能、教育与健康产业等诸多领域，形成德里经济圈、孟买和班加罗尔等创业集聚区。

莫迪政府重视的科技发挥重点领域主要包括能源新政、战略铀储备计划、印度制造、数字印度、智慧城市、生物农业（转基因）、火星及金星探测任务、卫星商业发射、国家超级计算机计划、深海勘探、海洋科考等。

---

① Department of Science & Technology Government of India, Science, Technology & Innovation Policy 2013. http://www.dst.gov.in/sites/default/files/STI% 20Policy% 202013 - English.pdf.

2. 印度优势科技项目及发展计划

（1）火星轨道计划

2013 年印度空间研究组织（ISRO）发射了 Mangalyaan 火星轨道探测器，这是印度第一个星际太空项目。ISRO 成为继苏联太空局、美国国家航空航天局和欧洲航天局之后，第四个将探测器送达火星的太空计划，印度也成为亚洲第一个将探测器送入火星轨道的国家。

（2）“智慧城市”

2015 年印度总理莫迪推出了“智慧城市”项目，旨在促进印度 100 个城市的经济发展、技术创新和可持续发展。印度政府将为智慧城市提供基础设施、公共交通工具、网络连接和电子政务体系等，鼓励公私合作模式（PPP）、金融公司和 IT 服务企业参与该计划。印度的“智慧城市”计划已获得了美国、英国、日本和韩国等国家的支持。美国承诺将通过公私合作项目在污染和拥堵治理方面，为印度“智慧城市”计划中的阿拉哈巴德、阿杰梅尔和维萨卡 3 座城市提供帮助。英国承诺利用英国在城市设计、规划和建设、基础设施工程建设、数据、软件和分析、项目管理、融资、公众参与及以用户为中心的需求设计等领域的专长，为印度“智慧城市”计划中的普纳、印多尔和阿姆劳蒂三座城市提供帮助。①

（3）“数字印度”

在印度总理莫迪发起的“数字印度”“技能印度”和“印度启动”等计划中，印度联邦政府和各省政府将对印度 14 座城市进行数字化改造，并计划数字化连接 100 座城市。印度电子与信息技术部成立数字印度集团整合机构，包括国家电子政务司等部门，旨在引导和支持“数字印度”及相关政策和举措出台。为此，电子与信息技术部还开设了 5 个软件测试和认证机构，成立国家网络协调中心。另外，该部还为金融和

① 印度中国经济文化促进会．印度智慧城市［EB/OL］．http：//www. icec - council. com/4g. php? m = show&cid = 23&id = 122，2018 - 11 - 26.

电力部门专门成立了计算机应急响应小组，为其数字化提供支持。

（4）“创业印度”

创新产业是世界上许多国家重要的经济重振手段，印度也不例外。2016 年 1 月，印度总理莫迪宣布启动“创业印度 · 崛起印度”计划（简称“创业印度”），用以激励印度全民族的创新创业精神。莫迪在启动仪式上明确了何谓初创企业，即：成立时间不足 5 年，年营业额不足 2.5 亿卢比的企业。按照此标准，印度目前约有超过 1.8 万家初创企业，年营业总额超过 750 亿美元。印度政府计划在未来 4 年内设立一项总额达到 1000 亿卢比的基金，支持制造业、农业和教育等领域的创新产业项目。在推动创业的基础上，印度政府采取各种方式，推动各项政策鼓励创新，如以公私合营模式新建 35 个孵化器，在印度国家研究机构下设立 31 个创新中心，并建造了 7 个研发园区。为生物基础领域建立 5 个产业集群、50 个孵化器、150 个技术转让办公室。在 50 万所院校启动“创新教育”，推出“阿塔尔创新计划”，鼓励和培育创新人才。

（三）主要科技创新载体

1. 印度科学技术部

印度科学技术部是印度科技工作的主管部门，负责制定重大科技政策与科技计划，协调和指导全国科技活动。科技部主要通过下设的科技署、科学与工业研究署、生物技术署等贯彻实施。

印度中央政府部分行业和经济部门也涉及科技工作。据印度宪法，有的邦设科技部门，有的不设。邦政府科技部门主要根据本邦的实际条件和发展计划，管理科技经费、机构、人力资源、科技项目等。

2. 印度科学与工业研究理事会

印度科学与工业研究理事会（CSIR）成立于 1942 年，隶属于印度联邦政府科学技术部。CSIR 是印度全国最大的研发机构，也是印度最高科学研究组织。拥有 38 个国家实验室和 37 个地方科研分支机构，12000 多名科研人员。国家实验室包括：中央建筑研究所、中央生物化学研究所、中央细胞与分子生物学研究所、中央药物研究所、中央电化学研究所、中央电子工程研究所、中央燃料研究所、中央食品研究所、中央玻璃与陶瓷研究所、中央药用与芳香植物研究所、中央皮革研究所、数学模型与计算机模拟中心、马德拉斯研究站、中央盐及海洋化学研究所、喜马拉雅生物资源研究所、印度化学生物学研究所、印度化学研究所、印度石油研究所、印度微生物研究所、印度国家科学文献中心、工业毒理学研究中心、国家航天实验室、国家植物研究所、国家化学实验室、国家环境工程研究所、国家地球物理研究所、国家海洋地质研究所、国家通信研究所、国家科技发展研究所、国家冶金学实验室、国家物理实验室等。①

3. 印度农业研究理事会

印度农业研究理事会（ICAR）是全国性的农业科研协调机构，成立于1929年，并于1965年和1973年进行了两次重组。理事会现隶属于联邦政府农业部的研究和教育局，职责是：对全国农业研发项目以及农业科技与教育资源进行协调管理，建立广泛的国内与国际合作，促进全印农业科研、教育和农业技术推广事业的发展，提升农业生产水平和农民生活质量。

4. 印度空间研究组织

印度空间研究组织是印度的国家航天机构，创建于1972年，总部位于印度班加罗尔，雇用约2万名员工，主要从事与航天和空间科学有关的研究。印度空间研究组织的主要航天发射场是位于斯里赫里戈达岛的萨迪什·达万航天中心。

5. 印度理工学院

印度理工学院是由印度政府建立和组成的七所自治工程与技术学院。该学院创建于1951年，在全国共设有7个校区，分别为德里理工学院、

① 中华人民共和国驻印度大使馆．印度科学与工业研究理事会简介［EB/OL］．http：//in. china - embassy. org/chn/kj/ydkyjg/t738354. htm，2018 - 11 - 30.

坎普尔理工学院、卡哈拉格普尔理工学院、马德拉斯理工学院、孟买理工学院、瓜哈提理工学院和卢克里理工学院。该学院的优势学科主要有计算机科学与工程、生物科学与工程、土木、化工、电子与通信、数学、机械工程、航空工程、物理等。印度理工学院目前约有15500名大学生、12000名研究生。印度理工学院不仅是印度最好的大学，在世界上也享有很高的声誉。每3000多名毕业生中，大约有2000人赴海外就业或深造，其中大多数人去了美国。[①] 印度理工学院培养的IT人才遍及世界各地，美国硅谷更是这些IT人才的聚集地。印度理工学院为印度软件业在世界范围内的成功作出了不可磨灭的贡献。印度理工学院毕业生为美国高科技人才的重要来源地之一。加州大学伯克利分校副教授萨克斯恩对美国高科技企业集中地硅谷的新移民企业家进行了一项调查，在约2000个新起家的企业之中，约有四成是由印度人开办的，而当中一半是印度理工学院培育出来的人才。

6. 塔塔咨询服务有限公司

塔塔咨询服务有限公司（TCS）是印度最大的商业集团塔塔集团旗下的一员，是一个提供IT服务、业务解决方案和外包业务的组织，在全球42个国家拥有超过21.4万名IT咨询领域最训练有素的员工。公司同时在印度国家证券交易所和孟买证券交易所上市。TCS的研发经费占营业收入的1.5%，投资重点为软件工程实践和标准、软件质量保证、软件项目管理、软件处理、软件工程技术研发等领域。塔塔咨询服务通过其独特的“全球网络交付模型”，为企业提供一系列咨询为主导的IT与IT化服务（IT－enabled services）集成的产品组合。全球网络交付模型被誉为软件业发展的卓越基准。

7. 印度软件技术园

印度软件技术园（Software Technology Park of India，英文缩写为STPI）

---

① 印度理工学院［EB/OL］. https：//baike. baidu. com/item/印度理工学院/3685478？fr＝aladdinhttp：//www. dst. gov. in/about－us/introduction，2018－11－30.

成立于 1991 年，为直属信息技术部的社团组织。成立的目的是为了鼓励和促进印度软件出口。目前 STPI 功能已经扩充到鼓励和促进包括硬件在内的信息产业出口。STPI 属非营利性组织，总部设在新德里，在全国各地包括孟买、普纳、班加罗尔、海得拉巴等共设有 26 个分部。STPI 班加罗尔分部成立于 1992 年，设在卡邦（Karnataka State）班加罗尔电子城中，是发展最快和规模最大的一个。STPI 建立了名为“SoftNET”的综合数据通信服务，为软件企业和他们在海外的研发机构、客户提供高速可靠的数据通信连接，这对软件业的发展至关重要。SoftNET 是印度最大的微波数据网络，1993 年开始在全国第一个提供商业性互联网服务。

二、对外科技合作概况

目前，印度与近 40 个国家和地区开展多层次宽领域的科技合作，其科技合作重点选择美国、德国、英国、法国、日本、俄罗斯等科技大国，合作领域涵盖高精尖科技领域并针对不同国家各有侧重。另外，印度还与 60 多个国际组织开展合作，提高国际声望和国际话语权。此外，印度通过与发展中国家的双边合作，与南盟、东盟以及环孟加拉湾技术经济合作计划的区域合作，与欧盟、第三世界科学院、金砖国家等开展多边合作，提升印度研发能力和全球排名，加快科研制度和研发、创新体系建设，使印度科研能力与国际前沿科学领域密切接轨，共同应对全球挑战。

（一）印度与主要发达国家的合作

印度有选择性地加强与科技产出大国的合作。近年来特别加强了与美国、日本、加拿大、法国等国的合作。

1. 印度与美国的科技合作①

美国与印度有着密切的双边科技合作，印美两国的合作领域主要包括科技交流、抗微生物耐药性研究、太空合作、环境与职业健康研究、智慧农业、水循环与海洋动力研究、美印创新激励基金以及印美友好创新港计划等。美国科学技术论坛与印度科学技术基金双方展开了合作，资助了数百次的交流活动，并鼓励两国科技企业开展合作。主要平台载体如下：

（1）印美科技峰会：印美科技峰会旨在吸引来自印美两国的科技公司、学术机构参与其中，并促进印美两国在联合研发、技术转化等领域开展富有成效的合作。该峰会主要由印美两国政府主导推动，为印度和美国公司及科研机构提供展览、交流机会，鼓励两国就特色行业开展合作，如科技制造、生物制药和医疗、清洁能源、地球科学、信息技术、网络安全。

（2）印美科技联合委员会会议：该联合委员会由美国白宫科技政策办公室和印度科技部共同主持，旨在为两国科研合作提供指导，并确定未来和当前的合作领域。

（3）印美科技基金理事会：该理事会设立了专门的捐赠基金，以支持并促进印美科技联合应用与开发。近年来，该基金主要资助一些涉及个人健康及公民权益的项目。

（4）印美千禧年联盟：该项目由美国国际开发署资助，以鼓励各方开展合作，寻求创新模式，解决包括卫生、农业、水资源、能源和教育等领域面临的新挑战。美国国际开发署还支持了其他几个创新平台，如阅读联盟、城市水/环境卫生联盟、印度－非洲农业合作、儿童健康联盟等项目，旨在利用公共及私人伙伴关系，推动科技创新及应用。

（5）美印科技论坛：美印两国于2000年启动了美印科技论坛。该论坛框架下取得的产学研双边合作成果有（见下表）：

① U.S. – India Science and Technology, Innovation, and Health Cooperation [EB/OL]. https://www.usaid.gov/india/press-releases/jul-31-2014-us-india-science-and-technology-innovation-and-health, 2018-11-26.

美印科技论坛合作成果表

合作领域	印度合作方	美国合作方
射频识别技术与无线传感器	印度理工学院	美国波音公司
纳米材料电池	印度 NET 公司	美国纳米技术（电池）公司
快速成型	GTRE 公司	Stratyass 公司
微波技术	印度布拉迪普金属公司	美国宾夕法尼亚大学
气动弹性	印度 NAI 公司	美国波音公司
纳米涂料	印度 NEI 公司	美国 ARCI 公司
密码学	印度科学院	美国微软公司
工程设计	印度科学院	美国通用汽车公司
纳米电子中心	印度工业联合会	美国 SANTECH 公司
半导体设备制造	印度科学院	美国应用材料公司

资料来源：U. S. – India Science and Technology, Innovation, and Health Cooperation [EB/OL]. https://www.usaid.gov/india/press – releases/jul – 31 – 2014 – us – india – science – and – technology – innovation – and – health, 2018 – 11 – 26.

（6）美印联合研发知识网络中心项目：研发试验室和学术界合作，在重点领域开展专题研究，为整合研究与教学提供机会，优化利用现有基础设施和资金，合伙人持股。

美印联合研发知识网络中心项目表

合作领域	印度合作方	美国合作方
地质信息网络	印度海得拉巴大学、印度查谟大学、印度普纳大学	美国加州大学（圣地亚哥）、美国俄克拉荷马大学、美国宾夕法尼亚大学
蚕丝蛋白结构联合中心	印度理工学院	美国加州大学、美国塔夫茨大学、美国圣地亚哥医学院

续表

合作领域	印度合作方	美国合作方
材料电子	印度加尔各答 S. N. 博世国家基础科学中心、印度农耕协会	美国亚利桑那州图森大学、美国密西西比大学
纳米粒子溶胶科技	印度理工学院、印度普纳 CDAC 学院	美国华盛顿大学、美国爱荷华大学、美国马里兰大学
超冷原子理论物理联合中心	印度科学院、印度农耕协会	美国乔治城大学、美国俄亥俄州立大学
智能结构健康监测联合中心	印度理工学院、印度国家玻璃和陶瓷研究所	美国西北大学、美国密歇根州立大学
脑癌成像磁共振技术联合中心	印度桑贾伊·甘地医学院、印度理工学院	美国迈阿密大学、美国斯坦福大学
纳米医学与细胞工程联合中心	印度细胞与分子生物学中心、印度化工科技学院	美国普渡大学、美国伊利诺伊大学、美国圣母大学

资料来源：U. S. – India Science and Technology, Innovation, and Health Cooperation [EB/OL]. https://www.usaid.gov/india/press – releases/jul – 31 – 2014 – us – india – science – and – technology – innovation – and – health, 2018 – 11 – 26.

（7）美印科技基金及奖学金项目：2 年期项目，为交流学者提供旅费及住宿费。

美印科技基金及奖学金项目表

合作领域	印度合作方	美国合作方
美印研究奖学金	印度科学与工程研究理事会	美印科技基金
斯坦福印度生物设计奖学金	印度生物技术署、全印度医学研究所、印度理工学院	美印科技基金、美国斯坦福大学

资料来源：U. S. – India Science and Technology, Innovation, and Health Cooperation [EB/OL]. https://www.usaid.gov/india/press – releases/jul – 31 – 2014 – us – india – science – and – technology – innovation – and – health, 2018 – 11 – 26.

（8）太空合作：印美两国在印美民用空间联合工作小组框架下深化两国的太空合作。美国国家航空航天局（NASA）与印度空间研究组织（ISRO）继续在 NASA - ISRO 合成孔径雷达（NISAR）任务上取得进展。这一项目旨在获得大量的地球观察数据，供研究人员在新应用中使用，以推进全球粮食安全、淡水可用性、人类健康、灾害预测等。此外，NASA 正在为 ISRO 的火星轨道飞行器提供深度空间导航和跟踪支持。

（9）环境与职业健康：美国卫生与人类服务部与印度卫生与家庭福利部签订了一份关于环境和职业健康的合作谅解备忘录。该备忘录将重点推动两国在环境及职业健康方面的研究、培训和能力建设合作，重点关注空气污染、水体污染、危险物接触等。

美印未来科技合作重点领域集中在：能源开采和能源效率、民用核能、清洁能源的技术应用及市场、智能电网、空间技术、先进国防技术和设备、知识产权、网络信息和安全、智慧城市、环境气候和地球科学、城市空气质量、气候变化、创新创业系统、人才技能培训、卫生医疗、科技支持妇女发展等。

2. 印度与日本的科技合作①

印度独立后的很长一段时间内，印日关系和科技合作发展相对缓慢。尽管印日两国在 1985 年就签署了《印日科技协定》，但直到 1993 年印日科学委员会成立后，两国的科技合作才开始提速。进入 21 世纪后，印日两国主要集中在通信技术和生物医药领域方面开展合作。印度科技部与日本共同发起了印日合作科技项目，以进一步推动两国以下几方面的合作：基础科学、材料和系统工程、自然系统、天文学、空间和地球系统科学、数学和计算科学。在印日启动全球伙伴关系后，印日科技合作发展迅速。2016 年，印度与日本达成协议，在智能建筑、物联网安全、智慧农业三个

① Policy brief：India Science and Technology Cooperation［EB/OL］. https：//indigo-projects. eu/object/news/183/attach/INDIGO _ Policy _ Brochure _ ST _ cooperation _ View. pdf，p. 25 - 26，2018 - 11 - 23.

领域建立联合实验室。目前两国的重点合作项目和领域有：地铁和高速列车、两栖飞机和国防设备及技术、海上安全合作、和平利用核能、日本支持印度加入四个国际核能出口管控机制、材料科学、应用数学、海洋科学、可再生能源以及那烂陀寺修复。

3. 印度与加拿大的科技合作①

印度与加拿大的科技合作可以追溯到印度独立后不久。1949 年，印度首任总理尼赫鲁访问加拿大，双边关系得以提升。1951 年，印度提出了一项至关重要的、与经济和社会发展相关的地区经济计划——科伦坡计划，澳大利亚、英国、加拿大、印度、斯里兰卡等 7 个来自英联邦的国家参与其中。这项计划于当年 7 月正式启动，科技合作是该计划的重要内容。1954 年，加拿大向印度提供了核反应堆，这为印度核能发展奠定了基础。之后，双方历任领导人都将科技合作视为两国合作的重点领域。

2008 年，印度和加拿大就新能源和可再生能源合作签署了备忘录。2010 年，两国签署了《民用核能合作条约》，该条约于 2013 年开始生效，以推动印加两国核能合作。2009 年，两国签署农业合作备忘录，根据该备忘录，双方成立了联合工作小组。印度约 25% 的进口钾来自加拿大。在 2011—2015 年，印度和加拿大签署了两个与生物和植物科学相关的合作项目。在教育领域，成立于 1967 年的印加 Shastri 研究所是促进印度与加拿大学者及科研机构合作的重要桥梁，此研究所为来自两国的学者提供了大量的共同研究项目和经费。此外，两国还在工程科技、医药健康、空间技术等方面展开合作。

2018 年，印度全国软件和服务公司协会（NASSCOM）与加拿大政府支持的区块链研究所（BRI）合作，由 BRI 向印度组织和政府部门提供区块链技术方面的教育。这也是双方签署的新谅解备忘录的一部分。两家集

---

① Policy brief：India Science and Technology Cooperation［EB/OL］. https：//indigo-projects.eu/object/news/183/attach/INDIGO_Policy_Brochure_ST_cooperation_View.pdf，p. 28－32，2018－11－23.

团将共同投资，提高国内开发人员的技能，为区块链在印度的进一步发展做好人才储备。NASSCOM 主席 Raman Roy 表示：这种合作意味着在印度建立“世界级的可持续区块链生态系统”，为行业机构勾勒出一个更美好的“数字经济”未来愿景。

4. 印度与法国的科技合作

印度与法国主要在以下领域开展合作：一是气候变化。印法两国共同推动达成气候问题的国际协议，使全球升温控制在2℃以下。加强清洁能源和高效解决方案的联合研发、技术创新和扩散，以适应气候和低碳经济发展。二是智慧城市。法国希望成为印度智慧城市发展计划的合作伙伴，为印度提供最佳的技术解决方案，分享其在综合可持续城市发展方面的经验，特别是城市规划、城市电网、水资源和卫生、可持续发展的移动和数字技术。三是空间技术。两国通过共同研究和联合考察取得了显著成果。两国空间组织不断加强合作，包括联合开展第三次地球观测任务、地球观测应用、行星探索、签署 Ka 波段传世实验的谅解备忘录，签署印度 - 法国演示使用卫星“热带云”2 年的合作协议。四是核能及可再生能源。2009 年，印度核能电力公司与法国阿海珐公司签署了谅解备忘录，两国领导人鼓励双方开展技术商业化的讨论，对在斋普尔建成的 6 座 1650 兆瓦核电站进行充分的可行性研究。法国支持印度确保能源的供应和开发。法国愿意支持印度的太阳能、风能、生物质能、水力发电。2015 年，法国明确支持印度建立国家海洋生物技术研究所。

（二）印度与发展中国家的合作[①]

非洲是印度开展科技合作的重点地区。印度和非洲有着悠久的伙伴关系。自 20 世纪 60 年代中期印度技术与经济合作项目启动以来，科技合作

① India – Africa cooperation in science and Technology – Capacity Building [EB/OL], http://www.mea.gov.in/in – focus – article.htm? 25947/IndiaAfrica + cooperation + in + science + and + Technology + + Capacity + Building, 2018 – 11 – 26.

一直是印度与非洲合作的重点领域。该项目通过集中人力资源，向非洲国家提供技术援助。非洲一直是印度技术与经济合作项目的最大受援地区。

相对于成本和科技含量较高的西方应用技术，印度技术更适合非洲国家的发展需求。在过去20年里，印度与非洲的技术合作规模不断扩大。在2008年印度非洲峰会论坛期间，印度承诺将向非洲提供大规模的科技发展援助。在印度-非洲科技倡议框架下，印度科技部在非洲开展了大量合作项目。2010年印度设立了CV Raman基金，以支持印度的科研工作者与非洲大学及科研机构开展合作。到目前为止，有164名来自非洲的学者获得了该项资助。印度科技部还帮助培训非洲科技人员。2015年，印度更新了与南非、突尼斯、埃及和毛里求斯签署的科技合作协议，根据该协议，到目前为止印度与非洲国家共开展了74个联合研究项目，涉及生物技术、信息科学、天文、食物科学技术等，有超过220名的非洲科研工作者获得了印度政府的资助。根据印度科技部网站资料显示，印度已经批准了价值12270万卢比的南非研究项目。

（三）印度与国际组织的合作

积极参加联合国系统相关的科技组织，积极参与国际多边科技事务的磋商与合作，是印度开展国际科技合作的另一个重要方面。

1. 印度与联合国开发计划署（UNDP）的科技合作①

应对气候变化需要在国家、地区和全球层面采取广泛的应对政策。在全球范围内，《联合国气候变化框架公约》提出的减缓和适应两个原则是应对全球气候变化的核心战略。印度积极配合联合国相关决议，于2008年通过了《印度国际气候变化行动计划》。印度的立场是“共同但有区别的责任”原则，强调发展有效的国际机制，以扩大技术转让给发展中国家。

---

① Technological Cooperation and Climate Change [EB/OL]. http://www.in.undp.org/content/india/en/home/library/environment_energy/technological_cooperationandclimatechange.html, 2018-11-26.

2. 印度与联合国工业发展组织的科技合作（UNIDO）①

印度与UNIDO开展了长期有效的合作。在过去50年里，印度工业从UNIDO获取了大量专业技术。印度是UNIDO各决策机制中的一员，是UNIDO最大的技术合作对象之一。目前，UNIDO共在印度开展了17个项目，预算约为7000万美元。印度也是UNIDO项目的贡献者，目前印度每年都为UNIDO投入80万美元。此外，印度还为UNIDO下的联合国工业组织发展基金每年贡献120万美元。近年来，UNIDO在印度主要关注环境可持续发展以及能源资源，并针对固体废弃物、电子垃圾、环境污染等实施干预措施。UNIDO 2013—2017印度国家项目的预算为1.01亿美元，包含22个在建项目和21个新一代项目。这些项目旨在促进绿色工业发展和包容性经济发展。

3. 印度与欧盟的科技合作②

印度与欧盟的合作可以追溯到20世纪60年代，那时印度与欧洲经济共同体建立了外交关系。1993年，印度与欧盟正式签署联合声明，双边科技合作得到提升。2001年，双方首次正式达成了欧洲－印度科技协议。2005年，双边还签署了一系列项目联合行动计划。2008年，欧盟国际科技合作战略论坛启动了印度试点项目，重点关注水资源和生物资源，从而进一步加强了印度与欧盟的科技合作水平。2012年，印度－欧盟峰会上签署了《布鲁塞尔公报》，以确认进一步搭建双方科技合作平台。

印度与欧盟在科技领域合作广泛，涵盖了空间科学、粒子物理、信息技术、纳米技术等方面的合作。空间科学方面：印度是欧洲伽利略卫星导航项目的成员。印度还与欧盟开展了反质子研究项目，以了解宇宙中的最

① UNIDO－India cooperation [EB/OL]. https://www.unido.org/fileadmin/user_media_upgrade/Resources/Publications/newUNIDO_INDIA_SP.pdf, p.1－29, 2018－11－26.

② Policy brief: India Science and Technology Cooperation [EB/OL]. https://indigo-projects.eu/object/news/183/attach/INDIGO_Policy_Brochure_ST_cooperation_View.pdf, p.6－10, 2018－11－26.

小粒子。纳米科技合作也是印度与欧盟合作的重点项目。2007 年，欧盟与印度政府签署协议，欧盟承诺投入 500 万欧元用于与印度的纳米合作研究。这一项目于 2008 年开始，持续到 2011 年。此外，除了核技术外，欧盟与印度还注重在清洁能源和气候变化方面的合作。2009 年，双方还就太阳能合作签署了协议，这一合作持续到 2012 年，双方各投资 500 万欧元。

三、与中国（云南）科技合作现状

（一）合作方式及重点领域

1. 印度与中国和有关省份合作

（1）合作概况

新中国成立后与印度很快就建立了外交关系，两国也开创了不同制度国家间合作典范。1988 年，在拉吉夫·甘地访华期间，两国建立了中国－印度联合经济小组以推动双方在经济、贸易、科技领域的合作。同年，双方签署了中印历史上第一个科技合作协议——《科技合作协议》，并建立了科技合作联合委员会，明确在激光、地球科学、空间遥感、化学工程、医学、生物技术、化学科学、信息技术和软件开发、高能物理、天文、自然灾害等领域展开合作。1991—2009 年，中印两国签署了近 14 个备忘录，以确保双方在相互尊重的前提下开展科技合作。

2013 年以来，中印高层互访频繁，两国科技合作走向深入。2014 年 9 月，习近平主席对印度进行国事访问，会见了印度总统慕吉克、总理莫迪，两国领导人决定：通过中印战略经济对话探讨新的经济合作领域。2015 年、2016 年，印度总统慕吉克、总理莫迪分别对中国进行国事访问，两国领导人对进一步加强两国合作伙伴关系，深入挖掘经贸、投资、制造业、医药、信息技术等领域合作潜力达成共识。

在中印高层战略沟通的引领下，中印科技合作稳步发展。

双边政府科技合作框架下的中印科技合作。1988 年，中印两国正式签订《科技合作协议》，成立了科技合作联合委员会，建立了中印两国政府间科技合作的框架和主渠道。2013 年 9 月，中印科技合作联委会第 6 次会议在北京举行，双方确定了未来的合作方向、优先合作领域和形式，同意在地震灾害减灾和管理、天文学和天体物理学、气候变化技术研究、传统医学和医药 4 个领域加强合作。2014 年 8 月，印度科技部首次组织科学家访华团访问中国，由 25 名涉及农业、生物、医学、原子能、国防科技、空间科学等多个学科的中青年科学家组成，访问了中科院、清华大学、中国航天城、中关村科技园和上海农业科学院等单位，与中方科学家开展了一系列交流活动，增进了两国科学家之间的了解。中国科技部杰出青年科学家计划，吸引了印度数十名优秀青年科学家前往中国开展科技项目合作交流。2017 年，中印科技合作联委会第 7 次会议在印度举行。

中国 - 南亚科技伙伴计划下的中印科技合作。一是联合研发。2014 年 9 月，习近平主席访问印度时对外宣布“中国愿意同南亚国家一道实施中国 - 南亚科技伙伴计划”。中国 - 南亚科技伙伴计划包括共建联合实验室、青年科学家交流、技术转移等。目前，科技部与云南省人民政府共建的中国 - 南亚技术转移中心已经启动与南亚国家的合作，中印两国正在协商建立双边技术转移中心。二是技术转移和技术输出（合作内容详见下文“云南省与印度科技合作”部分）。

金砖国家合作框架下的中印科技合作。一是政府引导，签订合作协议。在金砖国家合作框架下，共举办了 4 届金砖国家科技创新部长级会议。2016 年 10 月，第四届金砖国家科技创新部长级会议在印度斋普尔举行。此次部长级会议是根据 2015 年 7 月在俄罗斯召开的金砖国家领导人第 7 次会晤上发表的《乌法宣言》和《金砖国家政府间科技创新合作谅解备忘录》召开的。会议讨论通过了 2016 年至 2017 年金砖国家科技创新行动计划，发表了《斋普尔宣言》，重申了将积极落实《金砖国家经济伙伴战略》，强调科技创新在应对全球及区域社会经济挑战方面的驱动力作用。承诺将基于“金砖国家政府间科技创新谅解备忘录”，促进金砖国家科技创新合作的制度化和多元化。目前，金砖国家已启动 10 个领域的联合研究，中国领衔新能源、可再生能源和能效、信息技术与高性能计算两个领域。二是搭建平台，促进交流。2018 年 7 月，第五届金砖国家科技创新部长会议在杭州举行。会议就科技创新政策交流、专题领域合作、联合资助多边研发项目、青年创新创业、青年科学家交流、科技园区合作等达成多项重要成果，并在会后发表了《杭州宣言》《金砖国家创新合作行动计划》和《金砖国家 2017—2018 年科技创新工作计划》。会议制定并通过了《金砖国家创新合作行动计划》，主要内容包括 7 个方面：一是开展和推动多领域多层次的实际部署和行动；二是加强包括公私伙伴关系在内的创新合作；三是鼓励开展金砖国家科技园区合作，建立园区合作定期交流机制；四是鼓励金砖五国开展技术转移转化合作，搭建产学研合作平台；五是推动建立青年创新创业合作伙伴关系，支持科技创新投资以及跨境投资，支持科技创新人才尤其是青年科学家、青年创业者之间的合作交流，分享创新创业最佳实践；六是强调开放科学、共享研究基础设施和大科学项目合作；七是继续支持妇女在科技创新活动中的作用。

（2）主要合作领域

中印两国部门、地方间科技合作深入开展，涉及航空航天、海洋、能源环保、信息技术、防灾减灾、天文等诸多领域。

卫生和医学领域：中印分别在 1994 年、2004 年和 2015 年签署了三个不同的协议和备忘录。这些备忘录和协议旨在推动两国在基因技术、生物科学等领域的合作。

能源和环境领域：中印双方于 2003—2015 年签署了多份备忘录，以加强可再生能源和林业资源的合作。2006 年，中印两国签署了中印能源合作五项谅解备忘录，其中包括油气海外“联合竞标协议”，促进了两国对海外油气资产的联合竞购和开发。2016 年 10 月在印度新德里举行的第四次中印战略经济对话中，双方就联合开展能源规划、可再生能源项目建设、煤炭开发以及电站运维中心等话题进行了深入探讨。

大气及太空领域：中印在 1994—2015 年签署了 5 个谅解备忘录，涉及民用航空、遥感、气象、月球和深空探测、卫星导航和太空科学训练。①如2014年9月习近平主席访问印度期间，中国国家航天局与印度空间研究组织签署了《关于和平利用外太空空间的谅解备忘录》。2015年莫迪访问中国期间，中印签署了《2015—2020年中华人民共和国航天局与印度共和国空间研究组织航天合作大纲》，双方将在卫星遥感、天气气象、空间科学、月球及深空探测、卫星导航、宇航元器件、搭载发射服务及技术培训等领域加强合作。

海洋科技领域：2015年5月，中国国家海洋局与印度地球科学部签署了《关于加强海洋科学、海洋技术、气候变化、极地科学与冰冻圈领域合作的谅解备忘录》，之后成功举办了首届中印海洋科技合作研讨会，就开展西南印度洋季风研究和预测、南北极科学考察、生物地质化学过程研究等合作达成共识。2016年5月，中印海洋科技合作联委会第一次会议在北京召开。双方讨论并通过了印度环流与季风气候研究等8个合作项目，双方将定期举行中印海洋科技合作联委会会议和研讨会，成立联合指导委员会，指定项目负责人，推动合作项目的实施，双方同意加强在政府间海洋学委员会和其他多边机制下的合作，共同参与第二次国际印度洋考察计划等。

信息技术领域：山东临沂经济技术开发区的中印软件产业园由临沂托普网络公司和印度SRM集团合作投资5.6亿元。截至2017年，园区引进中外软件研发企业40家，合作机构7家，形成美国IBM、印度SRM、班加罗尔IIHT集团、乌克兰国立大学智能机器人等国际知名企业入驻国际产业创新集群。吸引60多位印度专家常驻，还引来俄罗斯、捷克、新西兰、乌克兰等国际专家。中印软件产业园成为科技部认定的首家国家级中印软件产业国际创新园。2015年5月，贵州省政府与印度工业联合会签署合作谅解备忘录，明确双方在贵州大数据产业领域扩大全方位交流与合作，支持

---

① Policy brief: India Science and Technology Cooperation [EB/OL]. https://indigoprojects.eu/object/news/183/attach/INDIGO_ Policy_ Brochure_ ST_ cooperation_ View.pdf, p. 30-35, 2018-11-26.

贵安新区打造世界一流的软件和大数据产业，在贵安新区打造中印 IT 产业园项目，计划在 5 年内培养 1 万名优秀工程师。贵安新区与印度国际信息学院和印度索玛实业有限公司签订项目投资合作协议书以及“大数据与软件服务外包实训项目实施协议和战略合作备忘录”，进一步密切了贵州与印度大数据相关产业合作。2015 年 6 月 26 日，贵安开投公司与印度工业联合会牵头成立中印（贵州）IT 产业联合工作小组，成员包括塔塔咨询服务（中国）公司、印孚瑟斯技术（中国）公司、威普罗（上海）公司和印度国家信息技术学院（上海）公司等印度排名前五的信息技术企业，搭建了贵州与印度信息技术企业的合作交流平台。2015 年，山东临沂市委书记率团访问印度，与 SRM 集团和 Oyster 公司签署印度软件企业以及高科技人才暨研发团队引进合作协议。2016 年，中印共同支持由中国科学院发起“数字一带一路”国际科学计划，成立了地球大数据平台、环境变化、自然灾害、海洋与海岸带、农业与粮食安全等 7 个科学领域工作组。

防灾减灾领域：2016 年，中印共同推进成立“数字一带一路”减灾国际工作组，形成长效共赢的“一带一路”国家减灾国际科技合作工作机制和青年科技人才交流培养新方式，确定了“一带一路”减灾合作优先领域。2016 年 11 月，中国组团参加在印度德里举行的首届亚洲减灾大会，通过了《德里宣言》和《亚洲地区实施仙台减灾框架行动计划》。2016 年 9 月，中科院成都山地所与印度米佐拉姆大学签署了国际科技合作框架协议，双方围绕山地灾害、山地环境、山区发展三大领域，开展联合研究、人员科技交流、联合举办国际学术会议以及共享科研成果。

农业科技领域：2016 年 8 月，“中国农村发展对印度参考意义”研讨会在加尔各答举行，中印农业专家学者就土地制度、工业化与城镇化、农村减贫、家庭农场等问题深入交流。2016 年 9 月，第六届金砖农业部长会议同意建立金砖国家农业研究中心虚拟平台；中印双方将进一步推动两国在农业生物技术、种质资源开发、农产品加工、创新能力建设等领域开展务实合作。

2. 云南省与印度科技合作

近年来，随着中国与印度科技合作越来越深入和广泛，印度与云南省的科技合作也日趋活跃，涉及生物医药、互联网信息、进出口商贸等领域。

（1）生物技术领域合作是重点。2016 年，云南宏绿辣素有限公司与印度馨赛德生物科技有限公司、普朗特生物科技公司、艾凯味香料有限公司开展技术合作，为辣素保健品应用、产业化、综合利用等方面进行发展和提升。

（2）健康医药领域合作深入开展。随着兰伯西、路宾、瑞迪等印度制药企业纷纷通过在中国建立合资企业进入中国市场，云南也有医药企业迈出了滇印医药产业合作的步伐。2015 年，云南省民营高科技企业云南山灞公司与印度开展技术合作，在班加罗尔建立健康医疗联合研发中心，开展医疗设备器械联合研发，走出了一条促进滇印双方共赢的高科技产业合作之路。目前，山灞公司在与印方的 5 大知名企业开展的合作中，已有百项科研合作项目取得了不同程度的进展与突破。

（3）科技人员相互交流项目众多。2013 年 7 月 28 日—8 月 11 日，来自印度的科技人员参加了由云南省科技厅主办、云南省农村科技服务中心承办的“面向东南亚南亚石斛栽培技术国际培训班”。云南省也派出多批从事生物化学、生物技术等领域的科研人员到访印度科研机构和企业。

（4）积极搭建科技交流平台。2014 年，借助“中国 - 南亚博览会”平台，印度科技部部长到访昆明，为落户于云南的中国 - 南亚技术转移中心揭牌。2015 年，在第一届中国 - 南亚技术转移与创新合作大会期间，云南省科学技术情报研究院与印中贸易中心签署了中印技术转移和产业化合作协议，双方在技术供需、技术转移、科技合作、科技政策、技术成果产业化等领域展开合作。2016 年，第二届中国 - 南亚技术转移与创新合作大会期间举办了首次中国 - 印度技术转移对接专场活动，来自中印两国的科学家和企业家进行了科技交流与对接，云南省科技情报院与印度辛加尼亚及合伙人公司签署中医技术转移与产业合作平台项目合作协议，双方围绕中国和印度产业发展需求，构建合作信息平台和服务体系，发挥双方优势，促进中印两国技术转移与创新合作。2018 年，第三届中国 - 南亚技术转移与创新合作大会期间，由面向南亚东南亚科技创新中心、中国 - 南亚技术转移中心、中国 - 东盟创新中心、鼎宏知识产权集团共同建设的中国 - 南亚东南亚国际技术转移交易平台正式签约，它将为云南乃至中国与南亚东南亚的科技创新和交流合作提供新载体和新途径，使区域科技合作驶上“快车道”，为全国科技成果转移转化，促进产业转型升级起到带动、引领和推动作用。2019 年，印度青年科学家创新中国行活动在昆明正式启动，来自印度的 20 位青年科学家和云南大学、昆明理工大学、中科院昆明植物所、中科院云南天文台、云南晶能科技有限公司等 20 位青年科学家代表参加了启动仪式和研讨交流会。活动中，印度青年科学家考察了昆明和上海的大学、科研机构、科技园区，直观感受到了中国创新发展取得的重大成就，两国青年之间碰撞出了新的火花和想法，助推滇印交流合作迈上新台阶。

（5）工业、商贸、进出口等多领域合作日趋活跃。借助将云南省建成面向南亚东南亚“桥头堡”和辐射中心机遇，云南企业主动“走出去”。云南最大的钢铁企业——昆明钢铁集团领导曾随中国经贸代表团赴印度考察。目前，昆钢已与印度工商会建立了合作关系，委托他们就对印度出口钢铁产品，进口锰矿、铬矿、出口铁合金等多项业务与印度公司进行联系。云南美誉蚕业科技发展有限公司 2003 年 10 月获准与印度蚕业科技和管理的最高权威机构——印度中央蚕丝委员会进行项目合作，成为目前唯一与印度中央蚕丝委员会进行蚕业科技合作的中国企业。拥有自主知识产权的云南高科技民营企业——云南山灞图像传输有限公司，在被誉为世界电子信息产业之都的印度班加罗尔，与当地的 3 家高科技企业达成合作协议，共同在印度创建由山灞公司控股的首个高科技股份有限公司，专门营销由山灞公司研发的远程医疗产品。由云南山灞公司、云南财贸学院与印度 2 所大学共同创办的中国首家高水平的电子信息技术学院已在云南财贸学院正式成立开学。此外，云南省化工进出口公司与印度磷化工企业开展了长期的合作。南天集团、云铜集团、云南白药集团、云天化股份有限公司等大批企业通过与印度企业的广泛接触和深入交流，也建立起了越来越深入的合作关系。

（二）合作需求分析：加强优势特色产业合作力度

1. 医药方面

在健康医药方面，印度和云南有很多合作契合点。印度制药规模为世界第四位，是美国食品和药品管理局年度原料药审批入档数目最多的国家，也是除美国外获得美国食品和药品管理局批准的制药厂最多的国家。印度制药业不仅规模大，而且科研能力较强且价格相对较低。印度是世界上主要的仿制药生产国，其仿制药占全球市场的20%。印度是全球主要的药物出口国，是美国仿制药的最大进口来源国。印度专注仿制药已经40多年，由于印度政府对药物的“强制许可”制度，印度仿制药价格低廉，成为许多发展中国家的“药房”。云南省也具有丰富的生物医药资源，可通过加强云南与印度的医药合作，推动“滇药入印”和“印药入滇”，加强双方医药共同研发。

2. 信息产业方面

印度软件产业发达，是世界上最大的信息技术产业采购目的地，约占世界IT采购市场份额的67%，其出口额仅次于美国居世界第二位。印度也是全球IT公司最主要的外包目的地，面向全球客户提供离岸服务。在印度，IT业大约雇用了1000万人。更重要的是，IT业引领了印度国家经济转型，改变了印度在全球经济中的地位。印度提供了强有力的、较具竞争成本的IT服务（比美国便宜3—4倍）。在知识资本方面，印度也获得了许多成就，一些全球知名IT公司在印度设立了创新中心。IT业也推动了印度教育的快速发展，尤其是在工程和计算科学领域。印度IT业分为四个主要部分：业务流程管理（BPM）、软件产品、工程服务和软件。2018年10月23日，印度互联网和移动通信业协会发布报告称，据保守估计，印度互联网服务业经济规模到2022年将由目前的338亿美元升至764亿美元，并将创造1200万个新增就业岗位。预计到2025年，印度IT业的年营业收入将达到3500亿美元。未来，印度公共服务云市场将增长35.8%，达到13亿美元。互联网将在农村地区普及。印度的电子商务也在迅速崛起中，2018年，印度网络支付总额增长31%，达到8.75万亿卢比（1280亿美元）。[①] 云南省应抓住面向南亚东南亚辐射中心建设机遇，积极引导云南省企业与印度IT企业开展合作，促进交流，并且可引进印度优秀的信息技术人员赴滇开展工作和研究。

3. 生物技术产业合作

从当今世界的发展趋势看，生物技术产业很可能成为下一个经济发展的热点。印度不仅生物资源丰富，而且在某些技术领域居领先地位，现已有一部分印度生物医药企业进入中国。云南省正在推动绿色经济强省建设，又把生物资源开发创新列为支柱产业。因此，生物技术产业有望成为中国及云南与印度合作的一个重点产业。

4. 能源资源方面

印度能源丰富，但开发水平较低，而云南能源开发技术水平较高，特别是水利资源的开发应用云南省较具优势，因此双方合作的潜力巨大。云南也大量进口印度的铁矿砂、铝矿等，向印度出口磷、化肥等。可继续加强云南与印度在能源勘探、高效能源开发利用方面的合作。此外，云南省与印度在农业、机械、化工等领域也可找到合作的结合点。

四、进一步推动云南与印度科技合作的建议

随着云南与印度在技术、创新与投资领域的合作扎实开展，形成了一批联合研究项目，企业间的技术转移活动日益增多，跨国创业投资日益活跃。在新的历史发展时期，在新一轮科技革命和产业变革中，滇印科技合

① India Brand Equity Foundation [EB/OL]. https: //www.ibef.org/industry/information-technology-india.aspx, 2018-11-26.

作有了越来越广阔的合作空间。新形势下的滇印合作建议突出以下方面：

（一）积极推进滇印科技人文交流

充分利用中国－南亚技术转移中心、中国－南亚科技转移与创新合作大会、中国－东盟创新中心、金砖国家技术转移中心等国际合作平台，推动实施滇印青年科学家交流计划，加强两国青年科研人员的互动往来，建立科研人员定期互访机制。

（二）加强能源技术和产品投资合作

云南在太阳能等新能源技术和设备制造领域领先印度，同时在技术和资金方面具有优势。而印度在能源信息化管理、风能领域具有优势，同时具有广阔的能源市场，企业国际化程度高，这些都为双方的投资合作提供了契机。滇印双方可以利用企业合资、技术转让等形式开展光伏投资，扩大光伏市场。中国（云南）在设计、建造大型电站，制造成套水电装备以及电网建设与管理等方面具有成熟的技术和经验，而印度的电力供应与电网建设却一直是其发展的重要掣肘，两国可以共同开发发电项目投资和建设。

（三）加强农业与农村发展方面的合作

随着孟中印缅合作进程的不断推进，云南日益成为中国对南亚开放的重要桥头堡之一。在此背景下，积极开展滇印农业科技合作，既有重要的现实意义，发展前景也非常乐观。一是开展农业基础设施建设方面的合作与交流。印度的绝大多数耕地没有灌溉设施，依然延续着靠天吃饭的传统。云南长期以来就注意灌溉设施系统建设，并且积累了丰富的经验，或可为印度提供借鉴经验。二是发挥比较优势，开展农业科技合作。云南是世界上栽培稻谷的起源地之一，也是茶叶和甘蔗的原种地之一，种棉、纺织和畜牧业历史悠久。此外，卷烟、花卉、甘蔗、水果、蔬菜等也是云南省的优势。印度则在奶制品研制、生物农业研制、生物燃料开发方面有独特之处。滇印双方可以在这些领域开展合作与交流。三是由政府牵线搭桥，搭建平台，推动滇印之间农业科学院所的交流合作。

（四）加强医药方面的合作

中国和印度是世界上两大制药基地，两者在制药工艺水平、生产能力以及新药研发能力等方面存在着差别，但这种差别也从另一个侧面说明了两者具有互补性。我国在硬件设施方面并不落后于印度企业，但对药品销售过程中的管理、走向国际化的意识和技术研发等方面却未达到相应的水平。中国和印度在制药业上各自都存在着优势和劣势，这为双方的合作奠定了基础。云南医药产业要获得快速发展，可以学习印度的经验，通过多种方式培育一批具有国际竞争力和拥有自主知识产权的龙头企业，建立国际营销网络，努力开拓国际市场，扩大出口规模，提高国际竞争力。

（五）借助孟中印缅经济走廊建设机遇，加强双方合作

云南省与孟中印缅经济走廊途经的印度东北部地区共同面临着缓解贫困的问题，双方可调动各自积极性，加强社会经济发展经验交流。同时，交通是经济发展的基础，云南和印度可进一步加强互联互通建设，可借助印度在信息技术方面的优势，提升联通建设的科技水准，同时将云南省在道桥、水电站等基础设施建设的优势技术转移给印度。

（六）打造创新合作新亮点

在全球数字经济背景下，印度莫迪政府推出了“数字印度”“智慧城市”等国家发展战略，云南省人民政府办公厅也于 2019 年 11 月印发了《“数字云南”信息通信基础设施建设三年行动计划（2019—2021 年）》，滇印双方可围绕面向未来发展的创新合作领域重点推进，深化合作，在网络信息技术、智慧城市等领域开展联合研究项目、建立联合实验室等，打造滇印创新合作新亮点，形成示范带动效应。

第四章　尼泊尔

一、科技发展概况

（一）基本情况

2017 年尼泊尔人口为 2898.28 万人，GDP 为 244.7 亿美元，其财政预算支出四分之一来自外国捐赠和贷款。根据尼泊尔社会经济和人类发展指标，联合国将其列为最不发达国家之一。作为一个不发达国家，研发支出占 GDP 的 0.3% 左右。科学技术领域的发展总是落后于政府的优先发展领域。尼泊尔科技发展严重依赖外国援助。尼泊尔科研部门长期资金不足，政府制定的科研政策也没有得到顺利执行。

尼泊尔的科技管理部门是科学技术和环境部，科学技术委员会是其中一个部门，负责国家科学技术政策的制定、科技活动和项目协调管理、科学技术传播和普及等。尼泊尔建立了许多研究实验室（中心），科研围绕国家实验室（中心），推动国家基础科学和应用科学研究。国家实验室为尼泊尔研究人员提供了重要的研究平台，推动和扩大了国内外科研合作，为全球范围内尼泊尔科学家之间合作搭建了平台，减轻了“人才流失”带来的不利影响。[①] 国家医药实验室、环境与农业政策研究中心（CEAPR）、应用科学与技术研究中心、尼泊尔科学技术学院、尼泊尔农业研究委员会

---

① Poudel, Amrit. Now try this [DB/OL]. http://kathmandupost.ekantipur.com/news/2016-07-01/now-try-this.html, 2018-12-08.

等是尼泊尔政府的主要研究机构。此外，尼泊尔政府还建立了 B. P. Koirala 健康科学研究所（BPKIHS）和国家医学科学院（NAMS）。

尼泊尔全国有 5 所知名大学，有 40 多个工程学院。加德满都大学（Kathmandu University）是尼泊尔排名第一的大学，也是尼泊尔最顶尖的工程学院，下设工程学院、科学院、医学院等七个学院。加德满都大学工程学院研究方向有人工智能 - 自然语言处理、网格计算等领域，拥有数字图书馆、机器视觉实验室、生物绿色能源实验室、水动力实验室、cad/cam 实验室、发动机燃烧和气化实验室；其科学院拥有水生生态中心、灾害管理和可持续发展中心、等离子体物理实验室、天然产物化学（NPC）实验室、医药生物技术实验室、NPL - KU 生物可利用性和生物等效实验室、Shimadzu—医药专业人员教育中心和配方和药物输送实验室。在长期规划中，将加强环境、能源、药用植物和信息技术领域的研究活动。①

（二）科技发展战略与政策

20 世纪 90 年代，尼泊尔皇家科技院提出了第一个科学和技术发展政策，主要目标有：一是资源适当利用和开发，二是技术转让，三是高素质人力开发，四是促进、推广和参与科技发展。1992 年，尼泊尔通过了外国投资和技术转让法案（FITTA）。该法案旨在管理与外国投资和技术转让有关的所有事项，规定了纠纷解决方式，阐明了外国投资和技术转让领域。2005 年，尼泊尔发布了第二个国家科学技术政策，旨在强调为促进尼泊尔的经济发展进行科学研究的必要性，并将更多的国家预算分配给科技研究特别是在农业领域。

尼泊尔主要通过实施五年计划来发展国家科学和技术。从 1956 年实施首个发展计划，到目前为止尼泊尔实施了多个科技发展政策（见下表）。

① About Kathmandu University [DB/OL]. http://www.ku.edu.np/university/, 2018 - 12 - 08.

尼泊尔科技发展战略主要侧重于①：一是最大限度地调动自然资源和基础设施，并以需要为导向在科技领域建立新的机构；二是根据国家需求，私营部门转让、调整和利用外国技术；三是建立完善的科学家和科研机构研发工作机制，以科研活动提升竞争力；四是发展科技领域的知识和技能，通过可持续利用资源来提升普通人的经济水平、促进社会发展。

尼泊尔科技发展主要战略及政策

时间	名称
1956 年	尼泊尔首个五年国家发展计划
1989 年	国家科学与技术政策
1992 年	工业企业法和产业政策
1992 年	外国投资和技术转让法
1999 年	国家技术教育与职业教育政策
2002 年	信息技术政策
2005 年	科学技术政策
2007 年（2011 年修订）	国家核政策
——	国家空间技术、核技术中心、生物技术和纳米技术政策

资料来源：Dayananda Bajracharya, Dinesh Raj Bhuju and Jiba Raj Pokhrel, Science, Research and Technology in Nepal [R]. UNESCO Kathmandu Series of Monographes and Working Papers: No. 10, pp. 61 – 65.

二、对外科技合作概况

1956 年尼泊尔和日本建立正式外交关系后，日本一直以双边赠款、双

① Dayananda Bajracharya, Dinesh Raj Bhuju and Jiba Raj Pokhrel. Science, Research, and Technology in Nepal, UNESCO Kathmandu Series of Monographes and Working Papers. 2006, (10): 64.

边贷款、多边援助和技术援助的形式帮助尼泊尔发展科技。为了进一步加强尼泊尔与日本之间现有的经济和技术合作，两国签署了《技术合作协定》《航空服务协议》《关于向日本派遣尼泊尔工业工人进行工业培训项目和技术实习项目的备忘录》等合作协议，涉及专家、研究团队、志愿者、机械设备等。[①] 从1969年到2005年，日本官方发展援助（ODA）尼泊尔2867亿日元，日本国家合作署（JICA）共派遣1424名专家、873名日本青年海外协力队员（JOCV）和57名高级志愿者前往尼泊尔，培训3521名尼泊尔人。2018年，日本国际协力机构（JICA）与尼泊尔政府签署了改善加德满都谷地的整体供水服务的技术合作项目。[②]

瑞士政府通过瑞士发展合作署（SDC）启动了各种援助尼泊尔发展项目。尼泊尔是瑞士全球援助的16个优先国家之一。1962年成立的巴拉朱工程技术学院（BTTC），标志着瑞士为尼泊尔提供职业技术教育与培训的开始。巴拉朱工程技术学院已培训了约1万名青少年。瑞士发展合作署在1982年建立了吉里（Jiri）技术学校（JTS），作为职业技术教育与培训的另一个里程碑，JTS已为尼培训了6000名年轻人。在瑞士政府及有关部门协助下成立的技术指导培训学院（TITI）已经成为尼泊尔的卓越技术培训中心，培训了来自尼泊尔和其他国家的19000名人员，为加强尼泊尔的工程教育提供了支持。

2016年，尼泊尔科学技术院（NAST）和德国波茨坦的高级可持续性研究所（IASS）签署了一份关于气候变化的科学合作谅解备忘录（MoU），该备忘录标志着尼泊尔与德国在科技领域开辟了一条新的合作途径。根据谅解备忘录，总部设在德国波茨坦的高级可持续性研究所

① Ministry of Foreign Affairs. Nepal - Japan Relations [DB/OL]. https://mofa.gov.np/nepal-japan-relations/, 2018-12-10.

② Japan International Cooperation Agency. Signing of Record of Discussions on Technical Cooperation Project with Nepal: Supporting water service improvements in Kathmandu Valle [DB/OL]. https://www.jica.go.jp/english/news/press/2017/180202_01.html, 2018-12-10.

(IASS) 将提供人员、资源、科学专业知识、技术援助，并获得尼泊尔科学技术院仪器和大气观测站的使用权。目前，高级可持续性研究所正在加德满都山谷开展两项研究计划，旨在更好地了解和解决尼泊尔的空气污染问题。

大概有60万印度人长期生活或定居于尼泊尔，其中包括职业医生、工程师和电信技术人员，两国长期保持着高水平的科技合作传统。印度和尼泊尔于1991年11月成立了B. P. Koirala印度 - 尼泊尔基金会（B. P. Koirala India - Nepal Foundation ，以下简称BPKF），为高层次的学习、研究、其他教育活动、在职培训及管理者、商人、计算机等专业人士在各个领域的访问和交流提供资金支持。BPKF还承担了组织文化项目、研讨会和会议，资助书籍翻译和出版、研究等活动。自2013年1月以来，BPKF每月都会组织当地知识精英参与的对话交流活动。尼泊尔同印度签署的能源贸易协议（PTA），允许出口电力至印度市场。2014年，两国在水资源开发、电力贸易等多个领域达成了合作协议。

尼泊尔政府和欧洲核子研究组织（CERN）于2017年9月在日内瓦签署了关于高能物理及相关领域科技合作的国际合作协定。该合作协议创建了一个框架，以长期确保尼泊尔科学家、工程师和技术人员参与欧洲核子研究中心研究项目的机会。根据该协议的规定，尼泊尔科学技术部将与欧洲核子研究中心进行合作，具有特殊专业知识的尼泊尔的科学研究所和大学可以参与欧洲核研究组织的研究项目。这些研究项目包括实验和理论物理、加速器和探测器工程以及计算机。

三、与中国（云南）科技合作现状

中国同尼泊尔山水相连，世代友好。两国1955年建交以来，传统友谊和友好合作不断发展，共建“一带一路”更为中尼合作带来新的机遇。近年来，中尼两国经贸合作发展迅速，中国已连续两年成为尼泊尔第一大外资来源国；2017年两国贸易额接近10亿美元，同比增长11.2%；2017

年，中尼签署在“一带一路”倡议下开展合作的谅解备忘录，进一步带动两国各领域、多角度、全方位发展合作。

2019 年 10 月，应尼泊尔总统班达里邀请，习近平主席对尼泊尔进行国事访问。两国领导人就双边关系及共同关心的国际和地区问题深入交换意见，达成广泛共识。双方决定，在和平共处五项原则、《联合国宪章》及睦邻友好原则基础上，将“中尼世代友好的全面合作伙伴关系”提升为“中尼面向发展与繁荣的世代友好的战略合作伙伴关系”，加强口岸、公路、铁路、航空、通信等联系，共同打造跨喜马拉雅立体互联互通网络，深化贸易、旅游、投资、产能、民生等经济领域合作，加强教育、文化、传统医药、媒体、智库、青年等领域不同层级的交流与合作，以共建“一带一路”为契机，推动两国关系再上新台阶。

（一）合作方式

1. 经济技术援助

由于尼泊尔科技比较落后，中国与尼泊尔科技合作的方式主要以无偿单向援助为主，辅以其他方式。2016 年中国和尼泊尔两国签署了《中尼政府间过境运输协定》等一系列重要协议。其中根据《经济和技术合作协议》等协议，中国将为博卡拉地区国际机场提供技术及金融支持；根据《关于应对气候变化提供货物的谅解备忘录》，中国向尼泊尔提供 32000 台太阳能设备。

2. 共建技术转移中心和联合研究中心

2014 年，由中国科技部和云南省共建的中国 – 南亚技术转移中心在云南昆明正式成立。2015 年在第一届中国 – 南亚技术转移与创新合作大会上成立了中国 – 尼泊尔技术转移中心。2016 年，云南省科技厅与出席第二届中国 – 南亚技术转移与创新合作大会的尼泊尔科技与环境部部长代表团进行了工作会谈。2017 年，尼泊尔驻华大使利拉 · 玛尼 · 鲍德尔，尼泊尔特里布文大学代表团一行到云南民族大学访问，尼泊尔研究中心、尼泊尔语学习中心在云南民族大学同期揭牌，云南民族大学还与特里布文大学签署校际合作备忘录，与特里布文大学、昆明 ITL 公司签署三方合作备忘录。2018 年，第三届中国 - 南亚技术转移与创新合作大会的举行进一步推动和强化了尼泊尔与中国（云南）的科技合作与人才交流。2019 年，“中国（浙江）- 尼泊尔共建小水电技术联合研究中心”揭牌仪式暨小水电技术培训班开幕式在尼泊尔加德满都举行。

3. 联合培养人才

2014 年，中国 - 尼泊尔地理联合研究中心揭牌仪式在尼泊尔加德满都特里布文大学举行，该研究中心由中国科技部资助、中科院成都山地所和尼泊尔特里布文大学联合共建。2016 年，中国 - 南亚技术转移经理人培训班在昆明举行。

4. 共建园区

2017 年 5 月，在北京召开的“一带一路”国际合作高峰论坛上，拉萨经济技术开发区投资发展有限公司、尼泊尔工业区管理有限公司、中国平安集团信托有限责任公司签订了《中尼友谊工业园框架性合作协议》，投资 10 亿美元在尼泊尔境内开发建设工业园区，主要引入国际国内能源产业、民生用品制造、整车组装（汽车、摩托车）、水净化处理、农畜产品加工、电子产品、新能源产业等实体生产企业。

（二）双方科技合作的领域

1. 环境保护和灾害管理

目前，在中国科学院成都山地灾害与环境研究所与尼泊尔特里布文大学、国际山地综合发展中心（ICIMOD）合作协议等科技合作框架以及中国 - 尼泊尔地理联合研究中心支持下，中尼两国科学家联合开展了尼泊尔土地利用/覆被变化（LUCC）遥感制图、野外考察与验证，以及山区居民生计、水土保持、山地灾害与环境影响等方面的研究，为跨境资源环境安全分析和可持续发展决策提供重要科学参考。[①] 此外，中科院中尼国际合作重点项目有“中尼典型山地生态系统遥感监测对比研究”、科技部科技援外项目“中－尼地理联合研究中心”建设、成都山地所一三五重点培育项目“南亚地缘合作关键资源环境变化过程与空间信息服务”。“中－尼地理联合研究中心”以喜马拉雅山南北坡为研究区，基于全球气候变化背景，重点开展包括山地灾害、山地生态与环境监测、山区发展等在内的山地地理研究。因为地理位置上更近，在与中国各省区的科技合作中，尼泊尔非常看重与四川、西藏的合作。[②] 2015 年 1 月，由中国科学院和特里布文大学共同建设的“第三极环境加德满都中心”成立。中尼两国充分利用“第三极环境计划”在内的各种平台，不断加深两国科技合作。

2. 现代农业产业发展

2016 年，中尼签署《推广优种杂交水稻和玉米合作计划》，项目为期 3 年，由袁隆平农业高科技股份有限公司和尼泊尔农业研究院合作完成。作为援尼农业技术合作项目的重要内容，项目组从中国引进 67 个杂交水稻品种，经多次试验筛选出优秀品种在尼泊尔多地进行高产栽培示范。其中一个品种还通过了尼农业发展部种子质量管理中心的审定。杂交水稻增产效果明显，保守估算每公顷能够为当地农民增收 6 万卢比（约合人民币 3500 元）。尼泊尔大米短缺严重，中国杂交水稻试验、推广意义重大，将助力尼泊尔实现可持续发展。四川省自然科学研究院承担了援尼泊尔项目“猕猴桃等特色水果标准化栽培技术合作研究与示范”，按照项目任务在尼泊尔国家园艺中心建设猕猴桃、葡萄新品种示范以及标准化栽培示范园。[③] 2016 年，四川成立跨喜马拉雅研究中心，并与尼泊尔战略研究院（NISS）

① 成都山地灾害与环境研究所．成都山地所在中国－尼泊尔国际科技合作中取得新成果［DB/OL］．http://www.cas.cn/syky/201709/t20170905_4613448.shtml，2018－12－10.

② 彭亮．尼泊尔总统：四川和尼泊尔开展的合作令我印象深刻［DB/OL］．http://scnews.newssc.org/system/20150329/000550567.html，2018－12－10.

③ 四川省科技厅国合处．尼泊尔农业科技代表团来川开展猕猴桃科技合作交流［J］．内江科技，2014，35（1）：96－96.

等高端智库签署合作备忘录。在“第一届中国－南亚技术转移与创新合作大会”上，四川省产学研机构携“富硒红米杂交稻的选育”等8个技术合作项目参加了技术推介与对接。攀枝花学院与中国－南亚技术转移中心就科技成果转化达成了初步合作意向。此外，甘肃省科技厅成立了国际合作项目“甘肃省－尼泊尔马铃薯产业发展科技合作研究”。

3. 道路桥梁建设

2017年5月，中国和尼泊尔签署了《关于在“一带一路”倡议下开展合作的谅解备忘录》，备忘录中最为突出的是规划中的中尼铁路建设。建设中尼跨境铁路是两国领导人共同提出的战略合作设想。中尼铁路项目包括中国段和尼泊尔段。中国段是拉萨到吉隆县，由青藏铁路网延伸而成，全长700多千米，其中在中国的路段占五分之四以上，预计2022年可以建成。2020年之后，中尼两国将再修建从中国吉隆县到尼泊尔首都加德满都的铁路。

4. 电信基础设施建设

近年来，中国和尼泊尔在电信基础设施方面的合作不断升级。2018年初，中国电信集团公司与尼泊尔电信合作，开通两国跨境光缆，这意味着尼泊尔正式接入中国互联网。2019年初，尼泊尔与两家中国公司签约扩建4G网络。2019年7月，尼泊尔乔杜里集团（Chaudhary Group）与中国华为技术有限公司签署了一项价值约1亿美元的协议，根据协议，华为将为尼泊尔4G网络的搭建提供价值1亿美元的设备，这些设备也将在未来帮助尼泊尔升级为5G网络。

5. 水利水电基础设施建设

继中国电力建设集团有限公司（简称中国电建）在尼泊尔承建上塔马克西水电站项目、上博迪克西水电站修复项目、塔纳湖蓄水型水电站项目和迈拉目齐引水项目等12项工程后，2019年10月，中国电建又与尼泊尔政府达成20亿美元的水电项目合作意向。双方签订了《关于开发塔莫蓄水式水电站的合作备忘录》和《马迪蓄水式水电站合作备忘录》，两个水电站装机容量分别为756兆瓦和156兆瓦。

（三）合作需求分析

1. 自然灾害管理与防震技术需求

尼泊尔绝大多数建筑钢质材料质量较低，抗震能力极其脆弱，又因为尼泊尔处于喜马拉雅山脉南端，地震、泥石流、山体滑坡等自然灾害频发，对民生、灾后重建及基础设施建设等方面有着较高的合作需求。我国在应对自然灾害、提高减灾能力方面具有较强的技术能力和丰富的经验，双方在地震、地质、气象、水利、水文等方面具有广泛的合作前景，可通过地震监测台网、卫星遥感等先进的技术手段切实帮助尼泊尔提高地震等重大自然灾害的监测预警能力和灾后救援、重建能力。

2. 医疗及疾病预防需求

尼泊尔医疗水平比较低下，约70%的健康问题和死亡都来源于传染病。在相对发达的城市地区，尼泊尔居民还面临着冠心病、流感、肺炎、高血压等慢性非传染病的威胁。尼泊尔约30%的卫生投入依赖于包括世卫组织、联合国儿童基金会以及国际组织的援助。由于尼泊尔卫生人才、医疗技术严重缺乏，对医疗人员培训和医疗技术有较高的需求。此外，尼泊尔人对传统医药的认同度比较高，但因加工产业生产技术落后，缺乏中成药研制和生产能力，虽然有丰富的中草药资源，也远远不能满足国内需求。

近年来，尼泊尔政府对中医药发展更加重视，除加大对中医药领域的投资外，还放宽外资投资政策以支持和鼓励中医药的发展。中国作为具有完善中医药理论体系的中药大国，具备先进的中药加工技术和强大的研发能力，可极大地满足尼泊尔对中药的需求，尤其是在中成药出口贸易方面，对于市场需求较大的尼泊尔中药市场，我国仍有较大发展空间。

3. 水力发电领域需求

尼泊尔电力短缺情况非常严重。尼泊尔装机容量为824MW，电力峰值需求达1600MW，电力缺口接近800MW。尼泊尔水电占比超过90%，枯水期发电能力下降一半以上，需要从国外进口电力。尼泊尔只有65%的家庭通电，首都加德满都也要分区轮流停电，部分农村地区一天断电 16 个小时，因此尼泊尔对水力发电有较高的需求。同时，可开发的丰富的水资源和优越的地理环境为尼泊尔的水电开发提供了大量机会，吸引了众多水电开发商的关注。尼泊尔政府在 2016 年通过了《缓解国民能源危机和发展电力的工作计划》，这项计划为电力改革和促进私营企业投资规划了路线。除能源开发，升级改造扩张输电线系统（需投资 44.5 亿美元）和送电系统（需投资 20 亿美元）也是一个巨大的机会。

4. 信息技术和网络合作

2018 年，中尼陆上跨境光缆开通，标志着尼泊尔正式接入中国互联网服务。在尼泊尔这个 3000 万人口的内陆国家，目前有接近 100% 的手机普及率和 50% 的数据流量业务普及率。随着互联网通信技术在尼泊尔的推广，尼泊尔对移动通信以及互联网技术和服务的需求也将增多。此外，尼泊尔对基础设施建设和投资的需求较大，涉及电站、旅游业、公路建设等多个领域。中国产业体系完善，在资金、技术、经验等方面具有优势。双方可积极拓展在上述领域的深层次合作，实现互利共赢、共同发展。

四、进一步推动云南与尼泊尔科技合作的建议

几千年前，云南和尼泊尔就通过茶马古道或者是南方丝绸之路建立了很好的联系。随着“一带一路”倡议的顺利推进，尼泊尔和云南的合作也得以拓展。在新的历史时期，建议双方的科技合作可着重从以下几方面进行深化。

（一）深化中国－南亚技术转移中心尼泊尔分中心建设

深化中国－南亚技术转移中心尼泊尔分中心建设。随着云南与尼泊尔的科技创新合作走向深入，相关部门和机构建立了广泛和深入的线上线下合作关系与渠道，围绕云南省八大重点产业、绿色能源、绿色食品、生物

医药和健康生活目的地“三张牌”产业和数字经济建设深化产学研深度融合的务实合作。

（二）加强电力合作

尽管尼泊尔用于发电的水资源十分丰富，但由于尼泊尔发电技术比较落后，“电荒”问题仍比较突出。未来，云南水电企业公司可以考虑和尼泊尔在电力技术转移、水力发电站的修建方面加强合作，促进尼泊尔水力发电技术的发展，满足其国内稳定增长的电力需求。

（三）扩大科技人员交流与培养

尼泊尔的高校数量较少，且高等教育发展水平有待提高，为维持国家科研工作的需要，尼泊尔把培养下一代科学家、加强高等教育机构的研究/项目学习提上重要日程，加大了与周边国家高校的合作。近年来，尼泊尔与云南大学、云南民族大学等高校建立了非常好的联系，签署了多个合作备忘录，双方可在师生互访、联合科研、中尼书籍互译以及为尼泊尔学生提供奖学金到云南就读等方面开展合作。此外，云南还可以考虑帮助尼泊尔完善自然科学教学课程，为尼泊尔本科生提供新的学习途径，提高他们的研究技能，尤其是进一步促进云南与尼泊尔青年科学家的人文交流与合作，进一步推动科技创新合作。

（四）推进现代农业科技合作

农业在尼泊尔经济中居重要地位，尼泊尔86%的国土为山地，80%的人口以农业为生。尼泊尔主要农作物有稻谷、玉米、小麦，经济作物主要是甘蔗、油料、烟草等，但因为农业科技落后、综合灌溉设施缺乏、现有沟渠维护不当等多种原因，农业总产量不高。云南可充分利用中国－南亚技术转移中心这个平台，积极推进云南与尼泊尔科技交流，与尼泊尔农业科技部门建立技术转移协作网络，传授农业发展的经验，提供技术支持，并针对尼泊尔主要农作物和经济作物进行农业技术援助。

（五）协作开展医疗及药材开发

由于尼泊尔医疗水平比较低下，云南可考虑为尼泊尔培训医护人员，向尼泊尔援助及出口医疗设备。此外，尼泊尔位于喜马拉雅山脉南坡，由于境内海拔高度变化形成多种多样的地理与生态环境，其药用植物资源十分丰富并具有特色，有些草药在国际市场上甚至是稀缺产品。针对尼泊尔人对传统医药的认同度比较高的现实，云南白药公司等药企可考虑充分利用高原植物的多样性，在尼泊尔建立大型生产基地并提供中草药栽培技术，促进双方中草药产业共同发展。

第五章　孟加拉国

一、科技发展概况

（一）基本情况

1. 发展概述

1971年孟加拉国独立后，仅有6个科研机构和20个研究所，遭受各类社会问题困扰的孟加拉国政府无力大规模推动本国科技发展。1983年，该国科技委员会成立，该委员会隶属于孟加拉国科技部，负责制定孟加拉国科技政策。1986年，该国政府通过了一项大学法案，对科技教育给予高度重视。1987年，该国第一所科技类大学——夏加拉尔科技大学成立。

2008年，时任孟加拉国总理谢赫·哈西娜提出了“数字孟加拉”的国家发展战略，同时提出了打造“数字孟加拉”的四大支柱：人力资源开发、全民互联互通、数字政府和信息通信技术（ICT）产业促进。政府通过创建经济区、高科技园区、出口加工区等方式，吸引了国内私营企业和外商投资，极大促进了社会和经济发展。2018年，位于加济布尔占地近2155亩的孟加拉国高科技城投入使用，吸引了国内外10多家企业在高科技城从事硬件生产外包、软件开发及相关服务等业务，加快了信息通信技术基础设施建设，为2021年实现“数字孟加拉”奠定了基础。

2. 科研投入与产出

2016 年孟加拉国发表科技类（包含物理、生物、化学、数学、临床医学、生物医学研究、工程和科技以及地球与空间科学等学科）论文仅 2546 篇。2018 年孟加拉国研发总投入约占 GDP 的 0.4%，[①] 整体科研环境不佳，科技产出不高。其主要原因有：薄弱的法律和法规监管、基础设施落后、与发达国家的科技鸿沟较大、接收信息滞后、本土科研人员数量少、财政资源有限等。

（二）科技发展焦点、重点项目与发展计划

1. 科技发展焦点

孟加拉国民众较为关切并急需满足的科技发展需求主要包含五个方面。一是健康。由于贫困，孟加拉国人口特别是农村人口和妇女的健康意识较令人担忧。孟加拉国整体卫生环境较差，地表水和排污管理不当导致地下水受砷污染严重，850 万人口的饮用水和粮食作物受到严重污染，不少人罹患重疾。[②] 二是食品安全。在孟加拉国，人们也较为关注食品安全问题，人们希望通过提高食品安全监控、发展有机农业以及加强土地管理，提升食品安全。三是环境。环境变化在孟加拉国也较受关注，特别是在农村地区。由于地理位置特殊以及自然环境较为脆弱，孟加拉国时常遭遇自然灾害。四是教育。孟加拉国教学质量不高，入学机会少，对于农村人口来说，教育鸿沟更为明显。由于条件限制，许多科技类专业的学生甚至从未能使用实验室或实验设备。五是电视及网络。孟加拉国的电视节目和网络覆盖面较广，目前已经有 4500 家政府和 5000 家私人拥有远程网络

---

① Yulye Jessica Romo Ramos, Science and technology for development in Bangladesh and Nepal: Key topics, challenges and opportunities [EB/OL]. http://www.scidev.net/filemanager/root/site_ assets/docs/south - asian - report - digital_ final_ 1_ .pdf, p. 6, 2018 - 11 - 06.

② Charles Harvey. 科学家找到孟加拉水污染根源 [EB/OL]. http://news.sciencenet.cn/htmlpaper/20101151459175828328.shtm, 2018 - 11 - 06.

中心，据估计孟加拉国有超过12000家网吧。

2. 重点科技领域

（1）生物技术

孟加拉国的生物技术研究始于20世纪70年代，如今生物技术与基因技术正在蓬勃发展。生物技术的发展很大程度上是由农业发展需求推动的，农业一直是孟加拉国的国民经济支柱。达卡大学率先对黄麻进行了组织培养，之后的10多年里，类似项目在夏加拉尔科技大学、吉大港大学、孟加拉科学和工业研究委员会、孟加拉森林研究所、孟加拉核农业研究所等部门展开。1993年，孟加拉国政府成立了国家生物技术产品开发委员会，以挑选可用于商业开发的生物技术项目。20世纪90年代孟加拉国成为国际遗传工程和生物技术中心的成员。1999年，孟政府成立了国家生物技术研究所，该所是孟加拉国杰出的生物技术教育中心。为了加速生物技术研究，2006年孟加拉国国家生物技术工作组批准了生物技术国家政策指导方针。

孟加拉国科学和工业委员会承担着螺旋藻生产项目并逐步推向市场。孟加拉国科学和工业委员会还研究了该国北部甘蔗副产品——蜜糖用以面包发酵的过程。孟加拉国的蜜糖年净产量约为10亿吨，一大半用于生产乙醇。根瘤菌也被认为是具有潜力的商业项目。一些私人制药公司已经开始成立单独、专门的生物技术部门。许多私人公司，如BRA生物技术中心、Aman Agro工业正在生产大量无病毒的马铃薯种子，以减少孟加拉国对进口马铃薯种子的依赖。普罗西卡组织文化中心正在培育用于出口的派生兰科植物。孟加拉国一些制药公司已经开始生产和销售胰岛素，并准备出口到国外。有些公司还获得生产乙型肝炎疫苗的技术。①

① Biotechnology and genetic engineering in Bangladesh [EB/OL]. https://en.wikipedia.org/wiki/Biotechnology_and_genetic_engineering_in_Bangladesh, 2018-11-06.

（2）基因技术

2008 年，在孟加拉国政府资助下，达卡大学、数软 IT 公司和孟加拉国黄麻研究所共同对黄麻基因开展联合研究。2010 年，科学家小组成功对黄麻进行了基因测序，这使得孟加拉国成为继马来西亚之后，第二个成功对植物开展基因测序的发展中国家。2012 年，同一组科学家破译了一种菜豆壳球孢菌基因组，该真菌能够导致世界上 500 多种作物和非作物的幼苗枯萎、根系腐烂。测序工作在孟加拉国黄麻研究所进行，并作为黄麻应用研究项目的一部分。

（3）信息技术①

直到 20 世纪 90 年代，信息技术在孟加拉国才得到广泛关注。时至今日，尽管孟加拉国信息技术具有发展潜力，但该行业仍处于初级阶段。孟加拉国的互联网普及率从 1999 年的 3. 2% 上升至 2012 年的 21. 27% 。孟加拉国政府预测，到 2021 年 IT 行业将为 GDP 贡献 7. 28% 的增长。

3. 科技发展战略与政策

（1）生物技术与基因技术发展战略与政策

2012 年，孟加拉国内阁通过了《2012 年国家生物技术政策计划草案》，旨在通过提高农业和工业生产消除贫困。该计划分为短期 2 年、中期 5 年和长期 10 年工作方案，以实现不同生物科技部门的可持续发展。该计划的战略目标为：一是实现农业、卫生、工程和环境生物技术成果的开发和转让；二是鼓励为生物基础部门的研究和投资创造环境；三是利用生物技术实现农业部门的可持续发展和粮食安全；四是利用适当的生物技术保护该国的生物多样性和环境资源；五是开发生物技术方面的人力资源和基础设施建设；六是制订有效的计划，以提高公众对生物技术领域最新成

① Information technology in Bangladesh [EB/OL] . https: //en. wikipedia. org/wiki/Information_ technology_ in_ Bangladesh, 2018 - 11 - 06.

果的认识。①

（2）数字孟加拉②

2008 年，孟政府提出“数字孟加拉”这一国家级战略计划，希望通过该项计划将孟加拉丰富的人力资源从传统的纺织业、农业等转向高科技行业，从而促进国家经济的发展。该计划利用信息通信技术（ICT）对经济发展带来的促进作用，实现孟加拉国在 2021 年（建国 50 周年）达到中等收入国家水平的目标。“数字孟加拉”主要分为：数字化政府、各行业应用信息技术、民众全连接、人力资源开发。这 4 个模块共同组成了“数字孟加拉”的基础架构，为实现“数字孟加拉”确定了范围和基本方向。孟政府第 7 个五年计划（2016—2020 年）规划文件中“数字孟加拉与 ICT 技术”部分，对“数字孟加拉”如何落实做了相关规定，制定了如下 10 个方面的 ICT 战略目标：

“数字孟加拉”信息与通信技术战略目标表

序号	10 个目标	描述
1	社会公平	通过 ICT 手段实现社会公平、性别平等、机会平等
2	促进产能	通过 ICT 手段提高经济产量，包括农业、中小微企业等

① Ministry of Science and Technology, Government of the People’s Republic of Bangladesh, Work Plan for the National Biotechnology Policy 2012 [EB/OL], https://gain.fas.usda.gov/Recent%20GAIN%20Publications/Work%20Plan%20for%20the%20National%20Biotechnology%20Policy%202012_Dhaka_Bangladesh_2-18-2016.pdf, 2018-11-16.

② 中华人民共和国驻孟加拉人民共和国大使馆经济商务参赞处．“数字孟加拉 2021”战略解读 [EB/OL]．http://bd.mofcom.gov.cn/article/ztdy/201708/20170802632470.shtml。Centre for Policy Dialogue, Bangladesh vision 2021, http://saber.eaber.org/sites/default/files/documents/Bangladesh%20Vision%202021.pdf, 2018-11-16.

续表

序号	10 个目标	描述
3	廉政	实现透明、高效、有责任的公众服务
4	教育与科研	通过 ICT 普及和提高全国教育水平，确保计算机所有教育层面、公众服务的普及，促进创新、知识产权创造等
5	促进就业	培养和储备信息化人才，满足本地及海外就业
6	促进出口	发展繁荣的软件、IT 制造产业，满足国内及海外需求，增加外汇收入，吸引外商投资，减小对进口的依赖
7	改善医疗	通过创新的 ICT 应用提供全民高质量的医疗服务
8	泛在接入	全民连接
9	环境保护，气候变化和灾害应对	通过 ICT 手段，促进绿色技术、安全排放、灾害响应等的创新，建立有效的气候变化应对管理机制
10	信息产业支撑	电力、能源基础设施；建立 ICT 管理框架

资料来源：中华人民共和国驻孟加拉人民共和国大使馆经济商务参赞处．“数字孟加拉 2021”战略解读［EB/OL］. http：//bd. mofcom. gov. cn/article/ztdy/201708/20170802632470. shtml。Centre for Policy Dialogue，Bangladesh vision 2021，http：//saber. eaber. org/sites/default/files/documents/Bangladesh%20Vision%202021. pdf，2018－11－16.

孟政府将重点投入到如下几个方面：一是继续推动全国网络建设以及覆盖面，延伸到乡村级，让更多的民众能受益；二是继续加强电子政务及应用的建设，推进相关应用的网络化和移动化，提高服务能力；三是建立健全国民身份信息库，拉通政府垂直部门之间的信息流，实现信息互通，提高办公效率；四是推进银行体系的互联互通，强化政府对金融领域的监管，保障国家金融安全；五是加强司法部门的信息化建设，提升司法公正和透明度；六是加强执法部门的信息化建设，完善城市安全监控体系，为经济发展保驾护航。

（三）科技管理部门、科研机构、研发型大学

1. 孟加拉国科技部

孟加拉国科技部位于首都达卡，其职责在于协调孟加拉国科学和技术活动，通过研究、开发、推广和成功利用科学技术，支持国家整体社会经济发展。孟加拉国科技部下设部门主要有：原子能委员会、科学和工业研究理事会、国家科学技术博物馆、国家生物技术研究所、国家科学技术文献中心等。孟加拉国科技部致力于推动科技成为社会变革的积极动力，以平衡社会经济发展、提升人民福祉，并致力于将科技培育为孟加拉国民族文化的重要组成部分。

2. 孟加拉国家科学院

孟加拉国家科学院成立于 1973 年，其宗旨在于提升孟加拉国的研究和科学发展水平。国家科学院有许多外籍研究人员和孟加拉国内顶尖的科学技术人员。该院一项重要的职能就是承认和激发孟加拉国内科研人员的才干，并设立了专门的奖项颁发给科技人员。该学院定期出版两本学术期刊。

3. 达卡大学

达卡大学是现代孟加拉国历史最悠久的大学。1921 年由英属印度政府按照牛津和剑桥的教育模式建立，曾一度被称为“东方牛津”。达卡大学是孟加拉国最大的公立大学，学术人数超过 3 万人，设有药学、生物科学、地球和环境科学、工程技术、医药等院系。

4. 夏加拉尔科技大学

成立于 1987 年的夏加拉尔科技大学是孟加拉国第一所科技类大学，现在该校扩大到 7 个学院、27 个系以及多个研究所和研究中心。该校还有 8 所附属医学院。现设主要院系有：建筑、化工及高分子材料学、民用及环境工程、计算机科学和工程、电子工程、食品工程和茶科技、工业和生产工程、机械工程、石油与采矿工程。

5. 南北大学

南北大学是孟加拉国第一所私立学校，其商学院是孟加拉国首个获得美国商学院认证委员会认证的教育机构。该校于 1993 年正式建立，设有工程和物理科学、生化和微生物、环境科学、药物科学等院系。

二、对外科技合作概况

（一）与美国的科技合作

1953—1971 年，美国为孟加拉国（时称东巴基斯坦）提供了约 6.5 亿美元的援助。这些资助包括卡纳普里河水电站项目以及对农业和工程大学的支持。孟加拉国独立后，美国一直支持孟加拉国开展绿色科技革命，向孟提供了高产品种的种子、害虫管理技术、农用和非农用技术等。20 世纪 90 年代，美国为孟加拉国库尔纳市提供了有关虾生产、加工的技术转移和协助。美国还通过加强与孟加拉国的地方机构合作，为孟加拉国粮食安全提供可持续的政策支持，例如美国粮食规划和检测机构为孟加拉国粮食安全提供决策分析。在孟加拉国农村地区，美国为孟加拉国农村电气化提供帮助。孟加拉国是世界上最容易受到洪水和龙卷风等自然灾害威胁的国家之一。美国向孟加拉国转移了一些基础设施建设技术，为孟加拉国提供了灾害预测、救灾援助等，并向孟加拉国提供了大量的医疗援助。国防科技也是孟加拉国与美国开展合作的重要领域。2000 年，孟加拉国和美国成立了一家联合软件公司，这是孟加拉国第一家合资软件公司[①]，以深化科技交流、培训和合作。

（二）与日本的科技合作[②]

孟加拉国一直是日本主要经济援助对象国。日本通过经济合作和技术合作相结合的手段，对孟加拉国提供援助，并且获得良好的收益。孟政府把日本视为主要发展伙伴和对孟经济发展贡献最大的国家。近年来，日本对孟实施了农业技术培训、自然灾害气象预警、改善供水系统、医药卫生、医疗设备改进、供电、桥梁建造、渔业、灾害紧急医疗救助等无偿援款项目，以及采矿、化肥、多功能公路桥、北部农村地区基础设施改进项目等贷款项目。

（三）与印度的合作

由于历史、文化和地理关系，印度成为孟加拉国最重要的科技合作国家之一。孟印科技合作主要集中在国防、能源（核能）和科学教育三大领域。2016 年，孟加拉国与印度签署了一项双边能源合作协议，将合建一座装机容量达到 1320 兆瓦的燃煤电站。这一燃煤电站靠近世界上最大的红树林——孙德尔本斯国家公园，为避免对公园造成生态污染，孟印双方表示采用全球最先进的环保友好型技术来建设该电站。2017 年，孟加拉国与印度签署了防务协议，根据协议，印度将为孟加拉国提供专家培训和技术培训，帮助孟加拉国国防现代化和科技化建设。2017 年，孟印还签署了三份核能合作协议，涉及核电站建设、共同和平利用核能、核技术信息交流与

① Bangladesh – United States Techno – Science Cooperation and Cultural Relations [EB/OL]. http://shodhganga.inflibnet.ac.in/bitstream/10603/19261/12/12_ chapter%205.pdf, 2018 – 11 – 06.] 2003 年孟加拉国与美国签署了科技合作协议 [Scientific Co-operation: Agreement between the United States of America and Bangladesh [EB/OL]. https://www.state.gov/documents/organization/152186.pdf, 2018 – 11 – 16.

② 日本对孟加拉援助简况 [EB/OL]. http://bd.mofcom.gov.cn/article/ztdy/200305/20030500092950.shtml, 2018 – 11 – 16.

核安全监管以及开展联合研究。2017 年，孟加拉国与印度签署协定，正式加入印度提出的“南亚卫星计划”。该卫星计划的合作涵盖许多方面，包括远程教育、远距离医学、政府间网络、灾难紧急通信、电视广播和数字高清晰度直播电视卫星。

三、与中国（云南）科技合作现状

（一）国家层面

1975 年 10 月 4 日，中国与孟加拉国正式建立外交关系。中孟两国历来保持良好关系和周边和平稳定的环境，中孟之间产能合作的潜力和前景巨大。中孟两国自建交以来，中资企业对孟加拉国经济区、电站、建材、钢铁、金融服务等领域的投资热情升温，中国企业在孟加拉国实施了一大批交通、房建、电力、石化、通信等基础设施领域的重大项目。中孟科技交往不断增加，合作领域不断扩大。

1978 年中国和孟加拉国签订了政府科学技术合作协定，1990 年两国又续签了该协定。该协定规定两国将通过在各个科技领域里交流科技经验和成果开展科技合作。2016 年 10 月，习近平主席对孟加拉国进行国事访问。此次访问开启了中孟传统友好关系的新篇章，两国发表了建立战略合作伙伴关系的联合声明，将两国关系提升为战略合作伙伴关系。双方同意充分挖掘各领域合作潜力，扩大双边贸易规模，以基础设施建设、产能合作、能源电力、交通运输、信息通信、农业等领域为重点，打造中孟大项目合作新布局，深化海洋、水利、科技等新领域合作。同时，双方签署了双边投资贸易保护协定、避免双重征税等政府间协议，建立了双边经贸联委会等合作交流机制，为双边经贸合作的发展提供了保障。2019 年 7 月初，孟加拉国总理哈西娜对中国进行访问，中孟双方发表《中孟联合声明》，再次明确了双边关系的发展方向。

两国科学技术合作的方式包括：互相派遣科学技术专家进行访问、考察或专业培训；互相聘请专家传授科学技术知识和经验；在双方同意的科学技术合作领域，互相提供有关的科学技术资料和数据以及科学实验用的生物和实物样品等。所涉及的主要项目有：地下水、防洪工程和非工程体系建设，沙、泥石流确定同位素跟踪技术考察，农村能源技术考察，基因工程技术考察，淡水养鱼考察，小型化工企业考察，多用途树林种植和管理考察，药用植物资源考察，黄麻新产品开发考察等。①

2013 年，中国－孟加拉国水稻联合研究中心建立。该项目旨在帮助改善孟加拉国水稻科研条件，提高孟加拉国杂交水稻研究技术能力和水平，增加孟加拉国水稻产量，改善孟加拉国人民生活质量。2014 年 6 月，中孟第 13 次经贸联委会在昆明举行。2014 年 9 月在中国科技部的支持下，“中国－孟加拉国水稻联合研究中心”揭牌。

孟政府大力推行“数字孟加拉”，中国信息通信企业走出国门与孟加拉国开展合作，取得明显成效。孟加拉国国家数字联通项目骨干网络在中铁国际、华为、中兴通讯股份有限公司等中企的帮助下建成，成为孟加拉国“数字孟加拉”战略与中国“数字丝绸之路”倡议对接的经典案例。中国提供融资和建设的孟加拉国政府基础网络项目直接带动孟加拉国通信、信息科技、政务、教育等领域的发展，并显著提高了其他经济领域的效率和生产力，实现了孟加拉国政府通过信息通信技术拉动经济增长的目标，为“数字孟加拉”建设作出重大贡献。vivo 等中国通信企业在孟加拉国建立了智能手机组装厂。中国移动支付企业也已参与到建设“数字孟加拉”的行列中。孟加拉国最大的移动支付公司 bKash 和蚂蚁金服宣布达成战略合作，蚂蚁金服将通过分享技术和经验，携手 bKash 共同打造本地版“支付宝”，为当地消费者提供更方便和安全的数字金融服务。

（二）云南省层面

最近几年，云南省与孟加拉国农业科技合作经历了从无到有的可喜

---

① 中华人民共和国和孟加拉人民共和国政府科技合作项目计划协定书[EB/OL]. http://www.gsfzb.gov.cn/FLFG/Print.asp? ArticleID=22907.

变化。自2012年起，云南省先后与孟加拉国国家农业科学院、孟加拉国农业大学、绿色孟加拉国发展基金等科研机构、高校及企业签署了一系列农业科技合作协议，开展中孟水稻、旱稻、蔬菜、马铃薯、亚麻等农作物良种试验示范合作。2014年，孟加拉国代表与云南省农业科学院粮食作物研究所签订了陆稻和玉米合作协议。2016年，云南金瑞种业有限公司与孟加拉国马里达农业公司在孟加拉国联合建立农业新品种公司，推动云南粮食作物新品种在孟开展试种合作，深化杂交水稻、玉米新品种合作研发项目。

孟加拉国国家农科院、孟加拉国农业大学等机构及高校的领导及农业技术专家先后到云南省进行考察交流；云南省通过举办援外技术培训，为孟加拉国培训农业技术人员。2014年，由中国科技部主办、云南师范大学（太阳能研究所）承办的“热带、亚热带地区新型太阳能应用技术国际培训班”在昆明举办，孟加拉国派出学员参加。

2014年，云南省农村科技服务中心正式与孟加拉国农业科研单位签署了建立农业科技示范园的合作协议，农业示范园将以突出展示云南省、孟加拉国粮食作物、花卉、蔬菜、养殖、农村能源等品种、技术为主体，以品种和技术推广带动经济发展，促进云南省与孟加拉国农业科技合作深入开展。

（三）合作需求分析

孟加拉国人口1.65亿人，位居世界第八，是世界人口大国，劳动力成本低。2017—2018财年GDP增长率7.86%。目前，孟加拉国面临基础设施落后、交通非常拥挤、资金短缺，城市化和工业化大发展的时期，迫切需要与我国和云南省合作。云南省与孟加拉国毗邻，地理位置优越，从昆明直飞达卡时间不到2小时。云南省将成为中国与孟加拉国沿边合作的重要物流中心和集散地。云南省只有极少企业在孟投资，滇孟科技交流与合作主要集中在高层互访和人文交流方面，中孟农业合作还处于初级阶段。滇孟双方亟待加强农业、能源、电力、矿业、科技人文交流与合作。

孟加拉国在中国“一带一路”倡议中具有重要地位。孟加拉国从地理上处在南亚经济圈、东盟经济圈、东北亚经济圈这三个经济圈的核心位置。“一带一路”和孟中印缅经济走廊能为两国和地区发展提供一个很好的平台和窗口，能创造重大机遇。中国已经成为孟加拉国的第一大贸易伙伴。孟中印缅经济走廊建设受到两国政府高度重视，两国间陆路、航空、海上互联互通日益便利。

1. 农业科技合作潜力巨大

孟加拉国是一个以农业为支柱的国家，农业对国内生产总值的贡献率高达25%。孟加拉国国内对瓜果、蔬菜、乳制品等的需求也不断增加，但是该国农业生产机械化水平较低、产品质量不高、加工能力较弱。孟加拉国土地肥沃、水资源丰富，非常适合种植水稻，而云南省在种植水稻方面已积累了相当的经验，种植技术较为成熟。因此，云南省可以发挥在农业科技和农业加工方面的优势，加强与孟加拉国的农业科技合作。

2. 孟加拉国电力资源匮乏，急需外部技术支持

孟加拉国电力供应长期紧缺，用电水平低于其他发展中国家。孟加拉国电网落后，电路老旧，发电设备效率低下，急需提高电气化水平。云南可以在发电技术、水电站建设等方面为孟加拉国提供帮助。

3. 已搭建合作平台，但合作水平与规模有待进一步提升

滇孟双方有较为强烈的合作愿望。滇孟合作对话会议是云南省与孟加拉国开展合作对话的重要平台，是推进孟中印缅经济走廊建设的重要机制。目前该会议已举办过5次，就推动产能合作、旅游、交通运输与合作等进行了探讨，并推动了滇孟在远程教育培训、高校联合办学等方面的合作。科技合作可成为今后滇孟合作对话会议的重点议题之一。2012年以来，中国－南亚博览会成为滇孟农业交流与合作的重要平台。中国西南与南亚国家的科技合作中，云南扮演着先锋门户作用。

四、进一步推动云南与孟加拉国开展科技合作的建议

（一）加快滇孟创建科技创新交流平台

孟加拉国是孟中印缅经济走廊建设的重要国家，与云南省具有良好的传统友谊，云南应继续培育与孟加拉国的友好关系，借助中国－南亚技术转移中心、云南省区域性科技信息中心、区域性育种中心、区域性国际创新创业中心等的建设良机，继续加强与孟加拉国的科技交流平台建设，搭建沟通桥梁，促进行业协会、企业、科研院所、高校的交流合作。

（二）强化云南省与孟加拉国的农业科技示范园建设

云南省在农业育种、技术和农机等方面具有优势，可进一步鼓励省内企业赴孟加拉国建立农业种植基地，优化滇孟农业科技示范区规划设计，加强全产业链建设，促进各产业间融合，建立各类运营管理和服务及风险防控机制，打造产业聚集融合平台，引导带动云南省特色农业企业抱团走出去。充分发挥自身区位优势，探索积累可复制、可推广的经验。云南省地处中国内陆高原地区，高原农产品资源丰富，而孟加拉国海产品和渔业资源众多。云南省可将较为先进的耕种技术、良种培育技术、农业机械使用技术、农产品加工技术转让给孟加拉国。相应地，孟加拉国也可以向云南省提供渔业养殖技术、水产品保鲜加工技术等。

（三）加强生物科技和基因技术的联合研发

云南省生物资源丰富，是中国重要的生物科技研发基地。云南省可继续加强与孟加拉国开展生物及基因合作，用以推动双方的农业发展，提高农产品质量，实现生物多样性，平衡好社会经济发展需求与生态环境保护的关系。建议设立共同科研基金，吸引云南省和孟加拉国的科研人员积极申请，并推动科研项目成果的市场转化和应用。

（四）推动绿色能源技术合作

由于孟加拉国存在严重的电力短缺问题，因此孟加拉国非常注重风能、太阳能和水电的研发。云南省拥有丰富的电力资源，结合孟政府工业园发展计划，应不失时机深化绿色能源投资与援助合作。云南太阳能技术相对成熟，可向孟加拉国转让相关太阳能技术，提高太阳能利用效率，同时协助孟加拉国电网建设。此外，在发电设施、生物质应用、通信技术方面加强合作。

（五）推动滇孟数字经济技术合作

不失时机务实深化孟政府大力推行的“数字孟加拉”和云南省数字经济建设、云南省自贸区科技创新合作建设、云南省新一代人工智能发展规划的有机对接，通过政府引导企业走出国门与孟加拉国开展数字技术合作，通过合作示范项目直接带动孟加拉国通信、信息科技、政务、教育等领域的发展与两国高科技产业合作。

第六章　斯里兰卡

一、科技发展概况

1994 年，斯里兰卡成立科技部，制定和执行科学政策，指导公共研究机构推进需求驱动型研究、研究商业化、促进发明和创新、促进标准和认证，推动国家科学技术政策和创新战略的实施。1998 年，成立了国家科学和技术委员会，这个机构成为斯里兰卡科技政策制定和实施的主体。斯里兰卡科技发展较慢。多年来，斯里兰卡研发支出占 GDP 的比重约为 0.1%—0.2%，低于国际标准。2015 年，科技投入总额为 119 亿美元，占当年 GDP 的 0.11%。[①] 科技经费来源中，政府投入占 59.6%，企业占 34.4%，非营利性部门占 2.3%，外国机构投入占 1.5%。科技投入中 55.9% 的资金用于应用研究，实验研究占 30.1%，基础研究占 14.5%。2015 年，科技投入的 31.5% 集中于农学，自然科学占 26.6%，能源和技术学占 25.1%，医学占 8.6%，社会与人文科学占了 5.4%。[②] 2015 年，每 100 万人口中有 292 名研究人员，其中 106 人为全职人员。全国科技资源和设施不足，专利申请量和科技论文量严重不足，科技人才流失严重等阻碍科技发展。目前，科技人员构成中自然科学科研人员在总人数中占 30%，农业科学占比 20%，工程技术占比 24%，医药科学占比 12%，社

① National Science Foundation, Srilanka Science, Technology &Innovation Statistical Handbook 2015, www. mis. nfs. gov. lk, 2018－6－18.

② National Science Foundation, Srilanka Science, Technology &Innovation Statistical Handbook 2015, page Ⅳ, www. mis. nfs. gov. lk, 2018－6－18.

会科学占比仅为 8%。[①]在科技出版物中农业占比最高，达到 50%。[②] 在科技创新方面，制造业创新占比最大，2015 年不同产业的创新投入中制造业创新投入占总投入的 88%，2008—2015 年的科技创新中，制造业的投入占比也是最高，达到 80%。[③] 由于国家整体科技发展水平有限，因而斯里兰卡特别重视国际合作。

斯里兰卡国家级科研机构主要包括阿瑟·克拉克现代技术研究所、国家工程研究开发中心、国家基础研究所等。研发型大学主要有工业技术学院。高科技企业具有代表性的是斯里兰卡纳米技术研究所有限公司，重点开展了钛、钍研究以及纳米碳纤维研究、合成化学研究、石墨等。

2009 年，国家科学和技术委员会出台了《国家科技政策》（National Science and Technology Policy：NSTP），制定国家科技发展目标和机制，并出台了行动方案（2011—2016 年）。2011 年，科技部出台了《科技发展五年计划（2011—2016）（STIS)》，提出合理优先发展目标计划，推动斯里兰卡在新兴技术，如纳米技术、生物技术、基因组学、免疫疗法、酶制造、生物医药、机器人、机电一体化、人工智能和空间技术等领域的研究取得阶段性成果。重视水、食品、能源、环境、纳米技术和生物技术、信息通信技术、电子、先进材料、机电一体化等领域的研究与开发，建立世界一流的研究中心，在国家发展重点领域开展前沿研究，鼓励科技机构和行业之间的合作研究；确保所有研究和开发活动遵守安全和道德操守，建立科技部下属的国家创新体系。斯里兰卡科技政策重点强调增加科技投入，提高公共部门贡献率，发展和加强现有的科技机构和大学，提高研究质量，重视培养科学家，提高科技机构的自主性和灵活性，促进与全球科学技术倡议和国际研究与开发及技术发展合作中心的紧密联系，增加研究

---

① National Science Foundation, Srilanka Science, Technology &Innovation Statistical Handbook 2015, www. mis. nfs. gov. lk , 2018 - 6 - 18.

② National Science Foundation, Srilanka Science, Technology &Innovation Statistical Handbook 2015, www. mis. nfs. gov. lk , 2018 - 6 - 18.

③ National R&D Survey, Sirilank, 2015 NSF.

人员数量以达到世界平均水平，培养大批科学家和技术人员，鼓励产业和研发机构更加重视高新技术创新、技术转让和商品化，设立以国家元首为主席、科技部部长为副主席的部际委员会来指导、协调和监督科技政策的实施。实际上各部门之间各自为政，难以协作，虽出台了科技和创新政策，但是实施效果却不甚理想。

二、对外科技合作概况

2014 年，斯政府决定贷款 2000 万美元用于进口 2500 头奶牛。此前，斯政府已从澳大利亚进口过 2000 头高产奶牛，并通过人工授精方式繁殖出 1500 头奶牛，在南部的汉班托塔地区农场进行养殖，为在 2016 年基本实现液体奶自给自足。[①]斯里兰卡与澳大利亚的合作还有共建沉香油提取工厂，生产商业用沉香，大幅提高沉香附加值。

2016 年 8 月，斯里兰卡科学技术研究部与印度科学技术部在印度新德里举行了斯里兰卡 - 印度科学技术联合委员会的第三次会议。新合作纲领涉及领域包括食品技术、植物基础医学、计量、空间研究和应用、机器人技术和自动化以及工业电子等。[②] 2016 年，斯里兰卡和巴基斯坦科技部签署了两国“科技与创新合作备忘录”，并推动设立了斯里兰卡和巴基斯坦科技合作基金。此外，斯里兰卡还与厄瓜多尔、白俄罗斯、拉脱维亚、古巴和斯洛文尼亚签署了科学、技术和创新合作协定。

2017 年，日本光伏企业与斯里兰卡政府正式签订合同，初步确定投资 1000 万美元，新建 10MW 太阳能发电站，还将追加 1.5 亿美元投资，再建

① 斯里兰卡将贷款 2000 万美元进口 2500 头奶牛［N］. 科伦坡之页，2014 - 10 - 26.

② Ministry of Science Technology and Research, Annual Performance Report 2016, 2017, p9 - 10.

一座100MW太阳能发电站。①

2018年，斯里兰卡和南非在南非比勒陀利亚签署了“科技合作谅解备忘录”，合作领域包括生物技术、纳米技术、传统和草药、空间技术和制造。

斯里兰卡还与多个国际组织开展了科技合作。合作领域涉及多方面，从创新政策、高能物理科学合作、气象、质量认证到核研究等。

三、与中国（云南）科技合作现状

（一）与中国的合作概况

斯里兰卡位于印度洋东西交通的“十字路口”，是古代陆上丝绸之路和海上丝绸之路的重要节点。斯中友好关系源远流长。斯里兰卡是南亚最早支持共建21世纪海上丝绸之路的国家之一。

1984年，我国与斯里兰卡政府签署了科学技术合作协定。2007年2月，中国政府与斯里兰卡农业部签署农业科技合作谅解备忘录，加强双方在农业科技方面的技术合作、培训、信息共享及科研人员交流等。2014年9月16日，两国签署了《关于启动中国－斯里兰卡自由贸易协定谈判的谅解备忘录》。中国与斯里兰卡双方就列入自贸协定内容的免税商品清单进行商讨，除服装、茶叶、橡胶外，更多种类的产品被列入其中。

2015年，在共建“一带一路”框架下，中国和斯里兰卡在科伦坡合作建立了中－斯联合科教中心。2017年1月7日，中国－斯里兰卡工业园奠基仪式在斯里兰卡南部的汉班托塔举行。未来3至5年内，中国将向中斯工业园投资50亿美元，促进斯里兰卡实现经济发展。中斯工业园占地50平方千米，以商贸物流业为切入点，发展船舶服务和海产品加工、农副产

① 李宁．日本财团将投建斯里兰卡太阳能发电站［N］．ieplat资讯，2017－02－07.

品加工等加工制造业。未来，汉班托塔中斯工业园有望为斯带来10万个就业岗位。近年来，中斯两国主要围绕海洋科技、航天科技、生物技术、水处理、特色农业等领域开展科技合作。

2012年以来，南海海洋研究所在斯里兰卡南部建设近岸海洋环境实时观测网。目前已建成的在线观测节点有：季风观测站、海气通量观测塔、大气采样器。2013年，中斯双方在北京共同签署了通信卫星、北斗导航的航天项目合作协议。根据合同规定，中方将向斯里兰卡客户在轨交付一颗基于“东方红四号”平台研制的通信广播卫星，为斯里兰卡及周边国家和地区提供电视直播、卫星通信等服务。近年来，光谷北斗与斯里兰卡国家测绘局合作，联合开发并建设至少10座面向斯里兰卡特定地理条件和使用环境、以北斗为主兼容美国GPS、俄罗斯格洛纳斯等卫星导航系统的CORS基站，并在斯里兰卡开展国土测绘、海洋渔业、灾害预警等领域的示范应用。2015年6月，斯里兰卡与我国科技部签署了关于共建中斯生物技术联合实验室和共同组织中斯科学家交流计划的合作谅解备忘录。通过共建中斯生物技术联合实验室，双方将推动研究机构间建立长期稳定的伙伴关系，促进生物技术领域的高水平联合研究、科技人员交流与培养、适用技术转移及生物技术在农业、工业和医疗卫生等领域的推广应用，推动双方技术水平提升和相关行业发展。2016年，中国与斯里兰卡共建“中国－斯里兰卡水技术研究与示范联合中心”。2017年9月，由中国科学院生态环境研究中心研发、北京京润环保科技股份有限公司生产的日处理能力300吨导向型电渗析（TED）装置，成功应用于斯里兰卡CKDu（不明原因慢性肾病）病区阿努拉德普勒（Anuradhapura）地下水源饮用水的除硬脱氟处理，并开始为该地区1500人进行安全供水。

2018年，中国热带农业科学院与斯里兰卡种植业部就热带农业全方位的合作签署合作意向书，内容包括在热带农业领域，尤其是椰子、橡胶、胡椒、咖啡作物的科技和研发方面进行全方位合作研究。2019年8月，山东科技大学矿业与安全工程学院与莫洛图沃大学签署了“中斯稀缺矿产资源绿色开发国际实验室建设合作协议”，“山东科技大学矿业与安全工程学院与莫洛图沃大学地球资源工程系研究生交流协议”，就国际实验室的合作内容、人才培养以及运行条例等进行了磋商，共同确定了岩石力学基础理论、地质勘查与灾害防治等六个研究方向，一致确立了将中斯稀缺矿产资源绿色开发国际实验室打造成南亚及东南亚高水平矿业研究中心的目标。

（二）与云南省的合作概况

2010 年 9 月，云南省政府与斯里兰卡签署了农业、教育、旅游、电信、生物质能、茶叶、贸易等多个交流合作文件。2012 年，经国务院正式批准，“中国 - 南亚博览会”由我国商务部和云南省人民政府共同举办，每年一届，永久落户昆明。这为云南与斯里兰卡包括其他南亚国家的科技交流合作创造了极为有利的条件。中国政府与斯里兰卡签署的有关科技合作协议，为云南与南亚国家开展全方位科技合作奠定了较好的基础。

1. 主要合作方式

云南省与斯里兰卡的科技合作方式涉及科技示范园区和联合实验室两大类。

（1）科技示范园区

2015 年 6 月，“中 - 斯农业高新技术示范园”动工。项目位于斯里兰卡科伦坡，项目占地 2 公顷，其中核心展示区即温棚立体设施农业展示栽培区 1600 平方米，主要种植蔬菜、花卉、中药材等品种，并辐射带动周边地区经济社会发展。项目在茶叶种植土壤改良、水稻试验种植、蔬菜品种培育、花卉资源开发和鲜切花生产等诸多方面开展合作，并逐步引进中国及相关国家高等农业院校、科研单位、知名企业及高级专家到示范园开展技术转移与研究，使其成为斯里兰卡农业技术转移、示范及培训基地，同时建立多层次合作机制和培训体系，并将农业科技合作模式辐射到南亚其他国家。

（2）联合实验室

云南省与斯里兰卡共建的联合实验室有“中国（云南）- 斯里兰卡生

物技术实验室”和“中国－斯里兰卡特色植物资源研发实验室”。

①中国（云南）－斯里兰卡生物技术实验室

2017年，云南农村科技服务中心联合斯里兰卡工业技术研究院与云南现代民族药工程技术研究中心联合共建“中国（云南）－斯里兰卡生物技术实验室”,[①] 指导斯里兰卡对天然药物、花卉、茶叶等资源的野外资源调研、保存标本、建立种质资源圃等工作。

②中国－斯里兰卡特色植物资源研发实验室

由云南省农村科技服务中心承担，云南农业大学、云南现代民族药工程技术研究中心、昆明理工大学参与的“联合共建中国－斯里兰卡特色植物资源研发实验室”是科技部重点研发计划项目，项目起止年限为2016年12月至2019年11月，项目总经费预算561万元，主要研发内容为联合建立斯里兰卡特色植物资源研发实验室，开展斯里兰卡茶用、药用、香料等特色植物资源调查收集、分析保存、开发利用、人才培养等工作，搭建中国云南和斯里兰卡农业生物技术交流和转化平台。[②]

2. 存在的问题

（1）技术、资金、体制及其运行机制方面的因素

斯里兰卡现代化程度不高，与我国存在着极大的体制差异，科技合作项目难以在短期内取得较好的社会、经济效益。云南进入斯里兰卡发展的科技项目，基本都是成熟先进的技术、产品（良种），但是，由于当地科技意识落后、经济欠发达，实施过程中若不按技术规范操作，将会导致返工与成本增加，影响项目的实施与效益的实现。

（2）运输方面的因素

交通是制约云南省与斯里兰卡开展合作的重要因素之一。虽然直航开

---

① 陈云芬.2017南亚东南亚技术转移对接洽谈会——科技创新助力“一带一路”建设［N］. 云南日报，2017－06－20.

② 云南省农村中心组织召开联合共建中国－斯里兰卡特色植物资源研发实验室项目阶段任务部署会议［DB/OL］. http：//www.ynstc.gov.cn/zhisdwgzdt/201804230006.htm，2018－11－18.

通，但空运成本非常高，加之陆上交通条件制约，云南省与斯里兰卡之间的大宗货物贸易线路不得不舍近求远，经过福建、广东、广西等省区再绕道马六甲海峡，全程绕行6000千米才能最终到达，出口运输成本增加。

(3) 科技交流与合作机会不多

云南省与斯里兰卡科技来往较少，交流机会不多，只有少数开拓意识较强的单位及人员到斯里兰卡考察或与斯里兰卡建立合作关系，缺少更多的交流、合作机会，较大的合作项目形成得少。

（三）云南省与斯里兰卡合作需求分析

1. 生物农业

斯里兰卡近年来国民经济取得了较快的发展，但农村发展缓慢，农业贫困人口众多，适用于农业生产技术和装备的供求缺口较大。因此云南与斯里兰卡在资源、产品加工特别是农业技术方面的合作，具有较强互补性，可以形成较好的开发与利用价值，带来巨大的经济效益。

2. 农业合作

斯里兰卡农业企业拥有丰富的资源和低廉的制造成本，但技术相对落后，生产效率低下，部分农产品没有足够的竞争力。云南省在生物农业技术发展方面具有一定优势，与斯里兰卡有较大的合作空间。通过云南省与斯里兰卡农业企业合作，利用彼此的优势，可以使企业降低成本，提升竞争能力，并开拓新市场，解决双方发展中的瓶颈，达到双赢的目的。

同时，斯里兰卡在粮食、蔬菜、花卉、茶叶、药材技术等领域存在专业人才亟待培养、科研基础设施设备亟待加强、科研力量和平台亟待完善等问题。2017年，云南农村科技服务中心联合斯里兰卡工业技术研究院及云南现代民族药工程技术研究中心联合共建“中国（云南）-斯里兰卡生物技术实验室”，初步指导斯里兰卡对天然药物、花卉、茶叶等资源的野外资源调研、标本保存、种质资源圃建立等工作。

此外，斯里兰卡在旅游业、特色农业、宝石加工等方面发展势头很好，这些也是云南具有优势和潜力的产业，双方合作空间巨大。

3. 茶产业合作

斯里兰卡茶叶以位于锡兰高地的乌沃茶最著名，2002—2008 年，斯里兰卡的茶叶产量一直维持在 30 万吨左右，仅次于中国和印度。斯里兰卡茶叶以出口为主，茶叶出口量和出口金额均排世界前列。2009 年以来，斯里兰卡茶叶产区天气干旱，造成茶叶产量大幅减产，同比减少 40% 左右。因而，如何保证不受气候变化影响，稳定茶叶产量与质量，是斯里兰卡茶叶发展合作中需要向云南学习的。斯里兰卡茶叶以碎茶为主，在开发斯里兰卡更多茶产品方面，云南也有很多经验可以提供。

另一方面，斯里兰卡的茶产业发展也有值得云南省茶产业借鉴的地方。斯里兰卡围绕茶产业已经形成了“茶园 + 茶厂 + 茶商 + 旅游”的经营模式，近年来已渐成国际潮流。这个模式对于云南而言很有借鉴意义。

四、进一步推动云南与斯里兰卡开展科技合作的建议

（一）深化中国 – 南亚技术转移中心斯里兰卡分中心建设

深化中国 – 南亚技术转移中心斯里兰卡分中心建设。随着云南与斯里兰卡的科技创新合作走向深入，相关部门和机构建立了广泛和深入的线上线下合作关系与渠道，围绕云南省八大重点产业、绿色能源、绿色食品、生物医药和健康生活目的地“三张牌”产业和数字经济建设深化产学研深度融合的务实合作。

（二）促进云南与斯里兰卡的农业合作

云南省在生物农业技术领域与斯里兰卡有较大的合作空间。云南通过实施农业科技创新工程，以特色种植业、生态畜牧养殖业、林产业和农产品深加工为重点的现代农业和畜牧业突破了一批核心技术和关键技术。云南省在农业发展中的经验和建立科技示范园、种业基地的成果、技术，对斯里兰卡解决农业发展过程中的瓶颈问题具有一定借鉴作用。双方可通过

共建农业科技示范园，在园区开展粮食作物新品种选育及栽培、农产品精深加工、茶叶和橡胶种植及深加工等技术示范和推广应用，推动云南省与斯里兰卡在农业科技领域方面开展深入合作。

1. 茶产业方面的深入合作

可通过共建茶叶新品种产业园区或者联合研发新品种等合作方式，推动云南与斯里兰卡在茶产业新品种研发和技术转移方面的合作。帮助斯里兰卡在茶叶深加工、茶叶生产机械技术、茶叶种苗选育、土壤改良、肥料使用和农药管理等方面获得提升。同时，促进云南茶产业学习斯里兰卡茶叶品牌建设和文化内涵挖掘等，让云南茶叶品牌建设得到提升。

2. 橡胶种植合作

借鉴中电科技国际贸易公司与斯里兰卡开展橡胶产业合作的经验，通过共建橡胶种植综合实验室，提供技术援助的方式，促进云南省与斯里兰卡在橡胶种植方面的合作。橡胶种植综合实验室可整合云南企业、云南农科院、斯里兰卡中小橡胶企业、橡胶制品生产厂和研发人员的力量共同建设，让产学研能够紧密合作，研究与培训直接服务于生产和销售。

（三）促进云南与斯里兰卡再生能源方面的合作

斯里兰卡有明确地把风力、太阳能和生物发电等作为主要能源发电方向的计划，到 2050 年用可再生能源满足所有电力需求。根据联合国开发计划署（UNDP）和亚洲开发银行（ADB）2017 年发布的一项联合研究：到 2050 年，斯里兰卡的发电装机容量需求将从目前的 3700MW 增加到 34000MW 左右。其中，15000MW 是风能，约 16000MW 是太阳能。云南省科技厅已与斯里兰卡相关部门有合作意向。云南省可向国内已经在斯里兰卡开展电能开发的企业学习，尝试以农业与科技园区共建等形式，推动云南电力企业积极与斯里兰卡电力企业合作，探讨在斯里兰卡建立光伏太阳能发电厂的可行性。

（四）开展生物多样性保护合作

云南省与斯里兰卡都拥有丰富的动植物资源，都在生物多样性保护方面有丰富经验。如前所述，斯里兰卡的科技发展缺乏足够的科研经费与相关科技人才，云南省可以借助南亚技术转移平台，在生物多样性保护方面开展联合研究、技术转移与人才培训，开启云南省与斯里兰卡在生物多样性保护方面的合作。

（五）联合培养科技职业技术人才

斯里兰卡农业技术人才短缺，云南省在农业技术人才培养方面有优势与经验。建议可向宁波市在斯里兰卡建设的“中斯丝路学院”学习，积极与斯里兰卡开展在职业技术教育方面的合作，建立中短期人才联合培养、专家互换、合作办学与学生交流等机制，为斯里兰卡培养一批农业科技人员。

澜湄合作国家篇

第七章　老　挝

一、科技发展概况

（一）科技发展基本情况

老挝国土面积23.68万平方千米，人口700万余，人口的受教育比例较低，以农业为主，水利资源丰富，工业和服务业基础薄弱，国家科技发展相对落后。老挝科技发展主要围绕满足经济社会发展和削减贫困这两个主题展开。自2005年以来，GDP年度增长率均超过7%。2018年，老挝的GDP达到181.31亿美元，比上年增长7.6%，人均GDP约为2568美元。

老挝政府采取“拿来主义”战略，大力引进外资和援外资助，重点兴建各项基础设施，包括城市公路、湄公河护堤和码头、电力供应系统、电信互联网等。老挝实现经济增长潜力的方法之一是依靠其巨大的水电潜力。预计到2025年，水力发电将成为其最大的收入来源。因劳动力成本低，越来越多的外国公司将老挝视为潜在的生产基地。老挝的制造业出口总值从2013年的2.7亿美元猛增至2017年的7.8亿美元，增幅达3倍，其中电子零部件在2017年的制造业出口中占了近一半。老挝大力发展生态旅游、休闲、娱乐、养生产业一体化的现代服务业，大力发展金融、物流、贸易、地产和购物超市等高附加值产业。老挝大力发展经济特区，在带动经济发展的同时积极培养科技人才。如Vita Park经济特区，位于老挝首都万象，经总理府批准设立。特区规划了以天然资源、农业、畜牧业、工业为主的投资项目。

在科技论文数量方面，根据科学技术和学术政策研究所的统计数据，2009—2016 年老挝学者发表的科技论文数量如下表所示。

2009—2016 年老挝学者发表的科学技术论文数量

年份	科技期刊论文数量（篇）	增幅（%）
2009	41	16. 29
2010	45	9. 34
2011	48	7. 87
2012	60	24. 79
2013	72	20. 70
2014	56	-22. 96
2015	69	23. 16
2016	85	24. 05

数据来源：世界数据图册：老挝科技期刊论文，http：//cn. knoema. com/atlas/老挝民主共和国/topics/研发/研发支出/科技期刊论文，2018 - 11 - 8.

在高科技出口值方面，2010—2016 年老挝高科技出口值、在制造业中占比见下表。

年份	高科技出口值（美元）	在制造业中占比（%）
2010	18944616	6. 6
2011	20711937	8. 0
2012	11789240	8. 7
2013	43699300	9. 5
2014	153563462	24. 9
2015	297939232	35. 2
2016	274940688	33. 6

数据来源：世界数据图册：老挝高科技出口值以及在制造业中占比[EB/OL]．http：//cn. knoema. com/atlas/老挝民主共和国/topics/研发/研发支出/高科技出口占制造业出口的百分比，2018 - 11 - 9.

在专利申请及保护方面，老挝于 2007 年发布了知识产权法，内容包含专利、小专利、设计、商标、集成回路设置、地理标示以及著作权等，但是缺乏具体的实施细则和实施方案。老挝每年申请专利的数量在 10—20 项，申请方多以外国的机构为主。

（二）科技发展战略与政策

老挝科技政策主要围绕 2013 年出台的《科学技术法》制定。科学技术法有 69 项条款，包括科技振兴政策、科技预算、科技部的职能等。科学技术法规定：科技发展的根本原则是遵循国家社会和经济发展计划中制定的政策和战略，最终实现老挝的工业化和现代化；其政府每年对科技研究和发展计划的投入要占政府预算总额的 1%，同时每年还会增加相关预算；还规定了科技部的职能是制定科技发展的政策、战略计划、发展计划和科技活动等相关文本，实施和管理相关计划和项目，并推进相关政策的实施。

老挝科技部的主要发展目标是利用科技削减贫困，2020 年实现老挝脱离欠发达国家行列。为了达成这个目标，科技部在科技政策相关法律体系的完善、培养科技人才、完善基础设施、提高地方科技发展能力四个方面重点发力。老挝科学技术政策都是以老挝科技部为中心推进的。

（三）科技管理部门、科研机构、研发型大学

老挝科技事业处于科技发展的初期阶段。与科技相关的主要部门有科技部、国立巴斯德研究所、国立农林研究所。

1. 科技部

老挝科技部是老挝主要的科技管理部门，主要负责制订、完善科技政策相关法律体系、培养科技人才、完善基础设施、提高地方科技发展能力。科技部是 2011 年成立的部级机构，有 10 个处室，包括国家科学委员会事务部、部长研究室和科技创新、知识产权、标准化、计量、IT、人事、创新、计划与合作司等。科技部在 18 个省设有科技局。省级科技局的总体

人员规模大概在500多人。老挝科技部下属还有“生态能源·生物多样性研究所”“生物能源以及材料研究所”及“电脑科学以及信息技术研究所”，这三个研究所主要开展以下研究：一是提高农业生产效率，削减贫困；二是解决森林破坏问题，确保能源安全；三是提高政府信息采集与分析能力，完善信息技术。

2. 国立巴斯德研究所

法国巴斯德研究所成立于19世纪初期，老挝国立巴斯德研究所是老挝医疗保健部与法国巴斯德研究所共建的研究所，是全球知名的疾病防治研究所，与国际机构和发展中国家合作开展传染病的预防与治疗工作。法国巴斯德研究所向老挝派遣了包括所长在内的2名专家。国立巴斯德研究所共有48名研究人员，其中37人为老挝人。其运营经费为每年200万美元，几乎都是依靠海外援助。国立巴斯德研究所的主要职责是：通过实施研究项目，提高公共卫生的水平，培养研究人员。目前，研究所中正式研究人员都是在老挝取得医学博士学位的研究人员。

3. 国立农林研究所

国立农林研究所是1999年成立的，隶属于老挝农林部。主要职责有：开发优质和种类丰富的农作物种子以促进农业发展；保护森林，提高老挝森林覆盖率；实施农业科技培训。农林研究所内有11个与农业和农作物相关的研究所，拥有职员350人，其中25人取得了博士学位、90人取得了硕士学位。研究者的年龄集中在40—45岁。农林研究所每年的研究预算为300万美元，其中50%的研究经费是由日本国际协力机构（JICA）等国际援助机构提供。老挝科技部对农林研究所的资助资金也在不断增加。农林研究所的主要研究领域如下：促进生物多样性（比如自生植物、野生动物以及遗传因子的确定）、改善农业生产效率、应对气候变化、对农民提供信息和情报、活用放射线药品。与海外合作中，主要是与瑞典的合作非常活跃。目前与瑞士、澳大利亚、日本和韩国的合作较为紧密。

4. 高等院校

（1）老挝国立大学

老挝国立大学创建于1996年，是老挝唯一的国立综合性大学，拥有语言、经济、政法、师范等13个学院和9个研究中心，在校生3万多人。为了增强大学教师的研究能力，老挝国立大学接受了亚洲开发银行的教育援助项目。老挝国立大学通过全国统考和非统考的方式从全国选拔学生，学生学费及各种杂费全免。有能力的学生以及贫困学生还可申请奖学金和助学金，但大学生毕业后需回到出生地担任中学老师。老挝国立大学比较重视国际合作，与200所大学签署了MOU，并积极开展学术研究人员互换、留学生接收、文化交流、基础设施共享等交流活动。目前，老挝国立大学接收了来自18个国家的800多名留学生。

（2）苏发努冯大学

苏发努冯大学以首任老挝国家主席、苏发努冯亲王命名，是当今老挝重点大学之一。苏发努冯大学现有6个学院，下设19个系。近年来，苏发努冯大学积极开展对外合作交流，与江苏农林职业技术学院、上海应用技术大学等中国高校建立了友好合作关系，并于2018年7月与昆明理工大学共建苏发努冯大学孔子学院。

二、对外科技合作概况

（一）与发达国家的科技合作

老挝与发达国家开展的科技合作涉及的领域较多，从灾害到疾病防治，从环境治理到清洁能源利用等。老挝与发达国家科技合作的方式也较为多元。

1. 与美国的合作

2012—2014年，老挝国立大学与美国相关大学和机构合作，共同完成和发表科技论文17篇。2016年，老挝和美国建立了全面伙伴关系。目前，两国在经贸、教育、环境方面有诸多合作项目。在灾害和疾病防治方面，老挝和美国开展了长期合作，并在医疗基础设施建设、清除未爆弹药和救灾方面取得了成果。在环境方面，两国促进水电和林业资源的可持续发展和管理，以及适应气候变化和应对自然灾害。两国承诺通过合作促进老挝走减少温室气体排放的发展道路，包括尽量使用清洁能源。同时，两国承诺与“下湄公河倡议”的合作伙伴国努力，促进科学研究、能力建设、投资和对话，以确保湄公河的可持续发展。

2. 与日本的合作

2009—2011 年，日本学者与老挝学者共同完成科技论文的数量，在老挝所合作的国家中排名第三。共同完成的科技论文涉及化学、材料科学、生命科学等基础研究领域。2012—2014 年，老挝多所大学与日本大学合作。其中，老挝国立大学与日本合作的项目有 13 项，与日本相关机构合作完成的论文数量在老挝学术机构中排第五位。共同完成的论文涉及农学、生物学、环境科学、社会科学等。

3. 与法国的合作

老挝与法国的科技合作，涉及航空、农业和信息技术等多个领域。在航空方面，从 2003 年开始，法国航空就利用自身技术帮助改进老挝国际航空安全水平。2013 年老挝和法国航空签署了技术合作协议，2016 年和 2017 年老挝政府和法国航空确定在民航安全监督方面开展合作。2018 年，法航与老挝工程交通部签署协议，计划深化航空安全合作，改善老挝航空安全领域的工作。

农业方面，法国和欧盟共同通过官方发展援助，向琅勃拉邦、丰沙里和华潘等省开展粮食和营养安全项目。从 2016 年开始，法国和欧盟就启动了 2016—2020 年援助计划，帮助老挝实施全国农业可持续发展。项目的重点是提高省级和地方政府服务能力，提高社区民众对粮食营养安全的认识，改善目标村孕妇和哺乳期妇女、青春期少女以及 5 岁以下儿童的健康饮食。

信息技术方面，老挝和法国一家信息技术公司达成协议，共同开发一个超现代化设施和云服务的软件园，以满足当地信息技术的需求。2018 年 4 月，这个项目由老挝国家数字技术部以及科技部下属的老挝网络公司和法方共同签署。根据协议，双方将实施一个联合研究项目，以增加在技术领域的合作和交流。项目将通过软件园合作，促进老挝软件产业研究，带动云计算和大数据管理系统以及在线支付平台项目等数字化转型。

4. 与韩国的合作

老挝与韩国在农业方面一直有合作。在韩国官方发展援助的支持下，韩国在老挝设立了韩国国际农业计划老挝中心，计划从 2015 年至 2020 年，通过提供韩国蔬菜、水果和桑树种植技术和经验，改进老挝猪、羊和家禽养殖技术，促进老挝农业研究和发展。

（二）与发展中国家的合作

老挝科技部非常重视与东盟国家尤其是越南和泰国的科技合作。

1. 与越南的合作

2009 年，越南与老挝领导人在胡志明市签署了《越老两国关于 2009 年经济文化科技合作协定》，提出越南向老挝提供了 3200 亿越南盾无偿援助 650 份奖学金。老方向越方提供了 30 份奖学金。双方一致同意促进经济发展投资和边境稳定；加强农林渔业、矿产业、环境保护和旅游等领域的合作[①]。2012 年 7 月，越南农业与农村发展部和老挝农业与林业部联合举办了 2012 年会议并达成共识：继续增进各级代表团互访，增强杂交玉米、稻米、木薯、高粱等种子生产并发展畜禽养殖。越南帮助老挝兴建县级农技推广总站，增强在动植物检疫领域的合作，提高边境口岸传染病的检查、监督和诊断能力。同时推进两国的贸易活动和农林水产品交易，并为

① 越南、老挝签署 2009 年度经济文化科技合作协定［EB/OL］. http://hochiminh.mofcom.gov.cn/article/jmxw/200901/20090105998138.html，2018-08-10.

越南企业在老挝扩大投资生产规模创造条件。① 在科技部门交流方面，越南科学技术翰林院与老挝国家科学院、老挝科技部合作开展了 2016—2018 年“增强老挝国家科学院科学研究与技术应用能力”项目，一方面投入科学设备，另一方面提供短期培训。该项目投资总额为 690 亿越南盾，其中越南政府的官方开发援助资金为 660 亿越南盾。双方认为，通过该项目，将为越老两国经济社会发展作出贡献。②

2. 与泰国的合作

2013 年，泰国与老挝签署了《农业合作备忘录》。备忘录中提出了有针对性的农业领域的合作框架。该草案规定，泰国可以在老挝境内总面积不超过 370,410 莱（1 莱 =2.4 亩）的农田中种植 10 种目标农作物，分别为甜玉米、芝麻、粟、蓖麻、黄豆、花生、绿豆、木薯、桉树以及饲料用玉米，③ 保障泰国农作物产量的稳定和出口贸易需求。

（三）与国际组织的合作

联合国儿童基金会老挝办事处，通过超过 7200 名志愿者和 1400 名卫生工作者，帮助老挝 5 岁以下儿童接受小儿麻痹症疫苗接种。在联合国的援助下，2017 年老挝全国的小儿麻痹疫苗的接种覆盖率达到了 85%。④ 依照联合国儿童基金会的报告，目前联合国开发计划署也将加大对老挝生殖健康以及儿童营养问题的支持。联合国妇女健康生殖和新生儿保健组织还在老挝开展了卢森堡援助项目。这个项目的实施时间为 2017 年到 2020 年，

① 越南与老挝的农林业合作［EB/OL］. http://cn.nhandan.com.vn/economic/item/25001-%E8%B6%8A%E5%8D%97%E4%B8%8E%E8%80%81%E6%8C%9D%E7%9A%84%E5%86%9C%E6%9E%97%E4%B8%9A%E5%90%88%E4%BD%9C.html，2018-06-16.

② 云南与老挝加强科学技术合作［EB/OL］. http://cn.nhandan.com.vn/friendshipbridge/item/5675501，2018-06-18.

③ 泰国与老挝签署农业合作备忘录［EB/OL］. http://th.mofcom.gov.cn/article/jmxw/201303/20130300052890.shtml，2018-06-18.

④ 联合国组织考察沙湾纳吉的健康项目［N］. 万象时报，2017-3-31.

共投入650万欧元支持老挝政府改善老挝女性生育以及儿童、青少年的健康状况。

三、与中国（云南）科技合作现状

在中国－东盟科技伙伴计划框架下，中国科技部、云南省科技厅与老挝科技部紧密协作，已推动开展了共建中老可再生能源联合实验室、中老现代农业科技园、中老技术转移中心以及科技人才培养等务实合作项目，取得了良好效果。

（一）中老科技合作概况

1. 中老科技合作的主要机制

根据2017年两国签署的《科学技术合作协定》，双方成立科技合作联委会，在共同确定的优先合作领域，推动两国科技界开展形式多样的科技创新合作，包括互派科学家和研究人员、开展联合研究项目、组织和参与专题研讨会和科技类培训等。[①] 2018年，中老政府间科技合作联委会首次会议在北京成功召开，[②] 双方围绕"一带一路"科技创新行动框架下科技人文交流、共建联合实验室、共建技术转移中心、科技园区合作等重点内容深入交换了意见，并同意以上述合作为载体，务实推动双边科技创新合作，更好地服务两国经济发展和民生改善。[③]

2. 中老科技合作的主要领域

中老邻国传统友谊深厚，双方在多个领域开展科技合作。

① 中国老挝政府间科技合作协定在万象签署［EB/OL］. http：//www. most. gov. cn/kjbgz/201712/t20171201_ 136606. htm，2018－06－14.

② 中国－老挝政府间科技合作联委会首次会议在北京召开［EB/OL］. http：//www. most. gov. cn/kjbgz/201804/t20180417_ 139156. htm，2018－06－14.

③ 中国云南与老挝签署多项科技合作协议［EB/OL］. http：//news. ifeng. com/gundong/ detail_ 2014_ 01/24/33325960_ 0. shtml，2018－06－14.

（1）农业

2000年11月，中国农业部与老挝农林部在万象签署《农业合作谅解备忘录》。2001年，中国农业部与老挝农林部在昆明签署《农业合作纪要》。2006年9月，中国农业部与老挝签署有关无偿援助项目协议。在两国政府的积极推动及相关政策引导下，农业合作已成为中老两国合作的重要领域。

中老两国农业合作呈现出快速发展的势头，形成了援助与投资、园区项目与单个投资项目相互促进、共同发展的局面。中国政府曾向老挝政府提供多项无偿援助，其中包括提供设备如耕作机、养殖设备和玉米烘干机等以及援建老北农业示范中心项目等。重庆市外经委与万象市农林厅合作建“老挝重庆综合农业园”、云南省与乌多姆赛省合作建“农业科技示范园”、广西与占巴塞省合作建“中国果蔬新品种试种基地”、广西农业职业技术学院与老挝占巴塞省农林厅在巴松市合作共建“中国－老挝合作农业试验基地”和“中国－老挝合作农作物优良品种试验站”。此外，中国企业对老挝农业项目投资不断增多。据不完全统计，经商务部批准在老挝开展农业合作的企业约50家，主营橡胶、中药材、木薯、大米、甘蔗、桉树、小油桐种植及猪崽养殖等。①

（2）林业

2012年8月国家林业局访问老挝农林部，同老挝农林部举行会谈就两国林业合作事宜交换了意见。这是国家林业局对老挝的首次访问。双方同意通过能力建设和示范项目等方式在社区林业发展、森林资源管理、非木质林产品、森林执法和退化天然林恢复等领域开展合作。

近年来，中国科学院和云南省科技厅等机构与老挝相关机构开展了涉及林业领域的多种合作。2017年3月，老挝农林部与中国国家林业局在万象就扩大双边合作发展林业签署协议，内容包括造林植树、森林保护和可持续化的森林管理、野生动植物保护、森林执法和森林治理、林业产业发

① 老挝农业发展及中老农业合作现状［EB/OL］. http：//la. mofcom. gov. cn/article/ztdy/201105/20110507530446. shtml，2018－06－14.

展、木制品贸易等七个领域的合作。合作协议还涉及森林土地使用权和农村林地产权发展。

（3）生物多样性保护

2017 年 4 月，中国科学院与老挝科技部签订了科技合作协定，致力于促进双边人才培养、能力建设和大型热带雨林生态样地建设、中国科学院东南亚生物多样性研究中心老挝办公室建设和生物多样性保护等领域的合作。同年 8 月，中国科学院西双版纳植物研究所与老挝生物技术和生态研究所签订科技合作备忘录。[①] 同年 10 月，中国科学院东南亚生物多样性研究中心（简称东南亚中心）老挝办公室揭牌启动仪式在老挝万象生物技术与生态研究所举行。东南亚中心老挝办公室的设立，将进一步促进双方在科学研究、能力建设、人才培养等方面开展深入合作。

（4）导航和遥感技术

2018 年 2 月，首届“一带一路”老挝 - 中国合作论坛在老挝首都万象举行。此次论坛发布了五项中老科技合作成果，包括老挝北斗卫星定位综合服务系统区域联网运营、成立老挝国家级无人机技术与标准中心、成立老挝国家级卫星遥感技术与标准中心、老挝首个移动端导航地图 App 发布、老挝首个移动端智慧旅游 App 发布。同时，老挝天眼公司与老挝科技部在论坛上签署了关于遥感卫星、导航及无人机遥感 3 份合作协议，实现了全方位合作。天眼公司将中国北斗、卫星遥感、电子地图、无人机的相关技术、产品和服务陆续引入老挝，通过中老在高科技领域广泛而深入的交流与合作，积极配合老挝政府打造“智慧老挝、数字老挝、科技老挝”，真正使中国技术、中国制造和中国经验沿着“一带一路”顺利走进老挝，

---

① 中科院东南亚生物多样性研究中心老挝办公室顺利启动［EB/OL］. https://mp. weixin. qq. com/s? _ _ biz = MjM5NTI3ODA5Mw = = &mid = 2650325877&idx = 1&sn = 887b84e107757c359a76fccbd95ec9a1&chksm = bef69f17898116018b4f1380f5afe946351a378276fe13e0d9494322bdd29bb6763305f697a7&mpshare = 1&scene = 23&srcid = 11239 aeZ-vkisqh46HoV0qqkf#rd，2018 - 06 - 14.

使老挝迅速迈上数字化道路。①

（5）医疗合作

中老在多个层面多个病种方面开展了医疗合作。比如，在肿瘤防治方面，老挝有意愿与中国开展癌症研究。2016 年，老挝友谊医院和老挝卫生部与广西医科大学附属第一医院医疗团队就肿瘤病理诊断、肿瘤最新靶向治疗、肿瘤临床研究、医务人员的培养等方面进行了探讨交流，并初步达成肿瘤临床治疗研究合作共识。2017 年，老挝卫生部与老挝友谊医院在万象共同成立老挝首家肿瘤中心，希望通过进一步合作，加深国家间乃至区域间的医疗合作。医疗援助方面，中国“和平列车”医疗服务活动成为老中两军友好合作典范。

3. 中老科技合作的主要方式

（1）共建实验室

中国与老挝共建实验室方面，成绩较为突出的是安徽华盛科技控股公司与磨丁管委会共建的智慧实验室。随着老挝科技人才流动趋于多元化，安徽华盛科技控股公司以智慧实验室为切入点，导入优势技术和服务能力，对接科研项目与专家学者，助力两国的科技合作发展。2011 年 8 月 11 日，华盛科技公司与老挝磨丁经济特区管理委员会签订了合作备忘录，双方在自来水供应、污水处理、垃圾处理等多个项目领域展开深入合作，加快磨丁经济特区基础设施建设。②

（2）技术转移

我国与老挝开展技术转移较为频繁、成果较为显著的是广西壮族自治区以中国－东盟技术转移中心为主开展的多项活动，以及江苏省围绕现代

---

① 毛丽丽．首届“一带一路”老挝－中国合作论坛于 2 月 2 日—3 日在老挝首都万象举行［EB/OL］．http：//www. skycaster. net/article_ read_ 569. html ，2018－02－03.

② 中国－老挝一带一路合作启航，华盛控股为未来磨丁的科技奠基［EB/OL］．http：//www. ah. chinanews. com/news/2017/0829/78975. shtml？qq－pf－to＝pcqq. c2c，2018－06－18.

桑蚕技术实施的技术转移。

①广西推进中国与老挝云计算技术转移

2018 年，由中国 - 东盟技术转移中心（CATTC）和老挝科技部主办，广西科学技术厅、老挝科技部技术创新司及老中技术转移中心、广西东盟技术转移中心承办的“2018 中国 - 老挝科技创新对接会”在万象 ITECC 国际会展中心举行。来自老挝当地相关政府机构、企业、科研机构和高校、媒体及中方机构、企业代表 150 余人参会，现场促成 2 项合作意向签约。① 本次对接会上还举行了“广西东盟技术转移中心驻老挝联络处”“中国 - 东盟信息港老挝云计算中心”揭牌仪式。

②江苏推进现代桑蚕技术国际化转移

2018 年，江苏省产业技术研究院纺织丝绸技术研究所“现代集约化养蚕关键技术及产业化、国际化转移转化老挝示范园”在万象揭牌。示范园位于老挝首都万象市塞塔尼县萨帕卡农村，占地约 10 公顷，由江苏产业技术研究院丝绸纺织技术研究所、老挝女双手公司、苏州大学和老挝国家科技部等单位合作共建，并得到老挝苏州大学等单位的大力支持。示范园围绕桑树育苗、栽培、收获与利用，蚕种孵化，桑蚕饲养，茧丝处理等相关技术进行示范与培训，建立可复制的蚕桑生产模式，逐渐实现老挝现代栽桑养蚕新技术的产业化，培训老挝本土化的蚕桑技术人才。

（3）人才培养

老挝和中国共建实验室和共建科技园区中都包含了大量的科技人才培养项目，两国政府在人力资源培养方面已经结成更有效的合作伙伴。2017 年 11 月，习近平主席对老挝进行国事访问时，两国政府签署了《人力资源发展援助了解备忘录》。截至 2017 年，3416 名老挝学生获得了中国政府提供的大学奖学金，而每年中国政府为老挝学生提供的奖学金名额都在增加。中国政府一直都重视同老挝的人才合作，除了国家奖学金外，中国的

① 广西东盟技术转移中心 . 2018 中国 - 老挝科技创新对接会在万象举行［EB/OL］. http://www.gxst.gov.cn/gxkjt/dtxx/20181015/001001001_423fa7c6-14be-441a-a0db-45d140889cc8.htm，2018-10-15.

很多部委、大学和地方政府也为老挝学生提供不同类别的奖学金。

（二）滇老科技合作概况

在中老科技合作的推动下，云南也积极与老挝开展科技合作。自2004年云南省与老挝北部九省建立合作工作组机制以来，云南省与老挝在科技领域的合作与交流也取得了丰硕成果。云南农业和科研部门与老挝在技术推广、新品种输出等方面开展合作，双方不仅在老挝推广杂交水稻新品种、新技术，建设农业科技示范园，还共同建立了特色生物资源开发利用实验室、跨境动物疫病监测实验站、橡胶科技合作中心等。2006年10月，云南至老挝万象的国际光缆系统正式建成开通。2009年5月，云南与老挝第一个高电压等级合作项目——115千伏老挝那磨至中老边境线输变电工程正式开工建设。2010年，云南电视台研发的数字电视传输系统进入老挝首都万象的市民家庭。

在云南与老挝的科技合作中，云南省先后组织实施了“大湄公河次区域跨境农业科技合作”“中老虫胶产业国际科技合作”“云南两系杂交稻、麦新品种及技术在东南亚及南亚国家的推广应用”等一批科技合作项目，在老挝建设了一批农业科技示范园。[①] 云南省政府与老挝科技部携手，围绕双方共同关注的特色生物资源开发利用、新能源开发利用、共建科技合作基地等问题等加大合作力度。

近年来，为推动云南企业在老挝开展技术合作与投资开发，云南省科技厅支持普洱和西双版纳两州市与老挝北部九省开展以现代农业种养殖及加工技术为重点内容的科技交流与合作。自2012年开始，西双版纳州在老挝南塔、波乔、乌多姆赛、丰沙里和沙耶武里省开展的印奇果试验种植也取得较大进展和初步成效，已成为老挝北部地区当地农户增收致富的一条重要途径。

---

① 云南省与老挝科技合作不断深入［EB/OL］. http：//www. most. gov. cn/dfkj/yn/zxdt/201408/t20140829_ 115300. htm，2018－08－03.

2012 年 6 月，云南省科学技术发展研究院与老挝万象外事办公厅签署了《战略框架合作协议》，滇老合作建立示范园和种植基地，云南与老挝的科技合作逐步深入。2013 年，云南师范大学与老挝可再生能源与新材料研究所正式签署“中老可再生能源开发与利用联合实验室”共建协议。2013 年 10 月，云南省科技厅与老挝科技部技术创新司共同在老挝万象成功举办“首届中国 - 老挝科技创新合作对接洽谈会”，促成“中老两国食用菌产业人工栽培示范园建设”“中国 - 老挝政府电子商务和技术转移系统平台建设”等多个项目签订合作协议。2014 年 1 月，云南省人民政府与老挝科技部科技合作对接会在昆明召开。会上，云南省政府与老挝科技部签署了科技合作备忘录，双方将在老挝联合共建热带、亚热带天然药物资源开发联合实验室，老挝国家建设工程质量检验检测中心，热带、亚热带特色生物资源开发利用实验室。2014 年 12 月，云南省科技厅组团组展参加了老挝万象国际贸易会展中心举办的首届老挝科学技术展览会，这是老挝政府举办的年度最大国家科技展。中国展区集中展示了中老及中国与东盟科技合作示范成果、创新工程成果、农业种植示范、农业科技创新工程、太阳能、生物质能、沼气能源示范工程、小水电技术设备、特色中药材种植和新药开发、电子信息技术、电力机械设备、节能减排和废弃物利用领域一批先进适用技术与设备。

1. 主要合作领域

（1）农业科技合作

在云南省科技厅科技计划项目的支持下，云南相关科研机构和企业在老挝合作建立了中老“农业科技示范园”“农业技术示范中心”“种业示范基地”等，在合作中积极推广先进的技术和良种，达到了良好的示范效果，得到老挝国家科技部门及地方政府的肯定与赞扬。云南省与老挝科技合作呈现出以下两个特点。

第一，云南科技型企业在老挝十分重视技术成果的转移与技术推广。近年来，在老挝国家相关政策的支持下，云南多家企业进入老挝，在当地开展橡胶、茶叶、水稻、玉米、蔬菜、林木种植、加工及养殖业多种行业的合作与开发。云南选派具有实践经验的国际科技特派员，在当地培训农户和技术人员，开展试验、示范。云南企业引入的先进技术、优良品种、资金，为老挝科技经济发展起到了较好的输血作用。据不完全统计，“中老农业科技示范园”等滇方合作企业，在橡胶、石斛、印奇果、蔬菜、杂交水稻、食用菌、玉米方面开展多期培训班，培训人数已超过10000余人次。[①] 同时，为提升老挝农业科技发展水平，与中方合作的部分优秀技术人员、农户有150余人先后被选派到云南等地学习专业技术，完成学业回到当地成为农业产业开发的技术骨干。

第二，技术成果实用先进，转化为经济效益成效突出。云南自主研制的杂交水稻、玉米、蔬菜、食用菌等多个品种在老挝试验种植，与当地品种相比较，具有明显的特点和种植优势。如杂交水稻增产效果明显，抗逆性强，口感软硬适宜，生长周期短。玉米主要用于饲料品种，丰产性强。杂交水稻和玉米成为当地农户逐步认识和选择的品种，也带动了相关农产品加工、畜牧养殖业的发展，为当地经济发展起到了积极的促进作用。

（2）跨境生物资源保护

为了把分散的热带森林连接起来，给包括亚洲象在内的野生动物的生息繁衍创造更好的条件，2006年，由云南省科技厅支持的亚洲象保护走廊带的调查规划与建设项目正式启动。由此开始，西双版纳国家级自然保护区与老挝北部三省农林部门合作，开展跨境监测与保护。亚洲开发银行“西双版纳生物多样性保护廊道建设示范项目”也付诸实施，目的是在不久的将来为孤立的野生动物种群建立起迁徙的通道，为种群间的交流打下坚实基础。根据设想，勐腊保护区与尚勇保护区之间也将建立生态走廊带，用生态走廊带的方式把中国勐腊保护区与老挝丰沙里之间的亚洲象、中国尚勇保护区与老挝南塔之间的亚洲象连接起来。

① 云南与老挝农业科技合作 彰显突出成效受关注［EB/OL］. http：//roll. sohu. com/20130725/n382574264. shtml, 2018 -06 -21.

2009 年“中老跨境保护第四次交流年会”上，云南省西双版纳国家级自然保护区管理局与老挝南塔省农林厅签署协议，共同建设“中国西双版纳尚勇－老挝南塔南木哈联合保护区域”，以更好地保护以亚洲象为代表的跨境迁徙野生动物。联合保护区域即西双版纳国家级自然保护区尚勇子保护区 31300 公顷和老挝南木哈国家级自然保护区与中国边境接壤的 23400 公顷范围区域。[①] 2012 年，老挝丰沙里省、乌多姆赛省加入其中。根据协议，三年内中老双方将分三个阶段开展八个方面的合作，包括为联合保护区的双方项目人员提供必要的技术、技能培训，加强两国边民交流互访、加强村民保护意识，开展人象冲突研究、探寻人象冲突的解决措施和缓解办法，进行村寨社会经济调查和生物多样性调查，联合巡护和资源监测，开展资源保护意识宣教活动，建立联合保护区域地理信息系统等。

2017 年，西双版纳州政府分别与老挝南塔省、丰沙里省和乌多姆赛省政府签署合作备忘录，标志着中老双边的跨境生物多样性联合保护从自然保护区间的交流上升到了地方政府层面的交流合作。目前，已在边境线建立了长 220 千米、面积 20 万公顷的“中老跨境生物多样性联合保护区域”，构建了中老边境绿色生态长廊。[②]

（3）跨境动物疾病防治

2014 年，云南省启动跨境动物疫病区域化管理试点项目，将动物疫病区域化管理扩大到老挝、缅甸边境连片地区，实施“中老缅”跨境动物疫病防控合作，开展学术交流、兽医技术人员培训、动物疾病防控巡逻检查、疫病监测、流行病学调查、风险管理等工作，促进边境地区经济发展。为开展疫情监测预警工作，云南边境地区建设了 120 个边境巡检站，缅甸畜牧渔业部和老挝农业部合作援建了 8 个境外动物疫情监测站，全面

---

① 李怀岩．中国与老挝签署协议联合建设跨境自然保护区［EB/OL］．http：//news. sohu. com/20091213/n268912675. shtml，2018－06－21.

② 李玉洁．中老跨境生物多样性联合保护交流年会在景举行［EB/OL］．https：//wemedia. ifeng. com/62110373/wemedia. shtml，2018－06－21.

启动境内外疫病防控项目。

（4）医疗合作

云南省与老挝的医疗合作非常丰富。一方面，双方医疗机构已经开始深入合作。另一方面，在传统合作领域、传染病防治领域有紧密合作。

①云南省医疗机构与老挝医疗机构密切合作

2017 年 9 月，中国与老挝医疗卫生服务合作体建设项目在昆明举行签约仪式。根据协议，双方成立云南省第一人民医院与老挝琅勃拉邦省医院医疗卫生服务合作体，帮助筹建病理科、病区呼叫系统，并把琅勃拉邦省医院作为云南省第一人民医院“光明行”白内障复明活动基地。开通双向转诊绿色通道、搭建远程会诊平台，建立互联网医疗技术等各项共享合作；培养老方主要医疗骨干到云南省第一人民医院强化“三基”临床技能培训，逐步提高琅勃拉邦省的医疗技术水平和服务能力；与昆明理工大学医学院联合培养琅勃拉邦省留学生；加强中西医结合（尤其是傣医）的医学交流等。

②艾滋病等传染病防治的合作

老挝与云南邻边，云南省是中国防艾重点省份，艾滋病（HIV）防治工作处于中国领先地位。2017—2018 年，老挝与云南省展开紧密的医疗合作，建立联防联控工作机制，防控 HIV 等传染病。2017 年 9 月，云南出入境检验检疫局与老挝南塔省卫生厅在昆明签署边境口岸卫生检疫合作备忘录，双方建立定期工作会晤机制、相互通报传染病疫情信息、防止艾滋病等传染病跨境传播、联合开展课题研究，并达成意向，对老方提供人员培训和技术支持。至 2018 年，防控的病种除艾滋病外，扩展到了疟疾、登革热、鼠疫等。

2. 主要合作方式

（1）共建实验室

根据 2014 年签订的《云南省政府与老挝科技部签署科技合作备忘录》，滇老双方达成共识，一是云南省科技厅与老挝科技部计划合作司共同商定双方推动在老挝联合共建“热带、亚热带天然药物资源开发联合实验室”、进一步深化中国（云南）－老挝农业科技示范园建设和中方组建农业高级专家服务团队赴老挝开展技术指导、咨询和培训等重点工作；二是云南省建筑科学研究院与老挝科技部合作，在老挝合作建设“老挝国家建设工程质量检验检测中心”；三是云南省药物研究所、云南省农村科技服务中心等单位与老挝科技部生物技术与生态研究院合作，在老挝联合共建“热带、亚热带特色生物资源开发利用实验室”。

①中国－老挝可再生能源联合实验室

中国－老挝可再生能源联合实验室始于2013年9月，系中国和老挝两国科技部领导，云南师范大学、老挝科技部可再生能源与新材料研究所共同建设，旨在落实“一带一路”建设和“中国－东盟科技伙伴计划”，开发和利用中国与老挝可再生能源。通过该联合实验室共建及项目实施，还形成了一批具有自主知识产权的高新技术成果，带动与引领了双方在可再生能源领域的发展，促进了中方可再生能源领域的技术成果在老挝推广应用。

②热带、亚热带特色生物资源开发利用实验室

在生物资源开发联合实验室的基础上，云南省药物研究所、云南省农村科技服务中心等单位与老挝科技部生物技术与生态研究院合作，在老挝联合共建“热带、亚热带特色生物资源开发利用实验室”。这是2012年9月“中国－东盟科技伙伴计划”正式启动以来，中国政府在东盟10国援建的第二个联合实验室。

③中老共建“建设工程质量检验检测中心”

老挝建设工程质量检验检测中心是由云南建投集团公司全额出资，与老挝科技部标准和计量司国家标准及质量检验中心共同实施的合作项目。项目位于老挝万象赛色塔综合开发区，由海投公司具体负责实施。项目规划总投资800万美元，总建筑面积约5000平方米，分期进行建设。作为老挝国家级的建设工程标准研究中心，开展工程建设相关技术标准规范的研

究，编制老挝的工程建设标准和规范。[①] 2018 年 9 月，老挝科技部标准与计量司国家质量检测中心和云南建投集团公司在老挝万象签署合作协议，共同实施老挝建设工程质量检验检测中心项目。

（2）共建科技园区

①中老乌多姆赛农业科技示范园

2007 年，云南与老挝签署农业合作协议，在老挝乌多姆赛建设了面积 150 亩的“中国云南－老挝乌多姆赛农业科技示范园”，开展优质水稻、玉米、食用菌实验。2010 年 3 月，中老乌多姆赛农业科技示范园揭牌。通过该项目的实施，老挝当地粮食作物产量成倍提高，水稻单产由原来每亩 200 千克提高到 400 千克，玉米单产从每亩 150 千克提高到 300 千克。[②]

②中老南塔农业科技示范园

2012 年 4 月，中国（云南）－老挝南塔农业科技示范园在老挝万象揭牌成立。科技示范园区主要由西双版纳精谷边贸有限责任公司负责推进，带动南塔波乔两省种植印奇果面积 8 万亩。2016 年 10 月，精谷公司与西双版纳印奇生物资源开发有限公司签署合作框架协议以及精谷公司境外库存印奇果籽的收购协议的签署，彻底解决了老挝百姓交售印奇果欠款问题。

③中国－老挝现代农业科学技术示范园

2017 年 8 月，华大基因与老挝科技部共建的“老挝－中国现代农业科技示范园”成功入选农业部首批“境外农业合作示范区”建设试点单位。示范园区以“走出去”战略为统领，以“一区一库四基地”（即境外农业合作示范区、老挝国家基因库、农业新品种新技术示范推广基地、农业新种质资源收集开发基地、现代农业产业区域发展承接基地、国家“南繁”制种备选基地）为发展目标，搭建现代农业科技核心示范平台，牵头组建

① 宇剑飞．老挝建设工程质量检验检测中心签约［EB/OL］．http：//www.sohu.com/a/256996369_ 227923，2018－09－29.

② 顾一航、胡远航、张珺．云南农业科技在老挝开花结果［EB/OL］．http：//www.enorth.com.cn，2018－04－01.

农业合作园区发展联盟，组织实施重点项目的推广示范，实现农业科技成果大规模应用。

（3）人才培养

人才培养和交流方面有较大进展的项目分别是云南省科协与老挝建立的科技人才交流平台和昆明理工大学与老挝能源矿产研究院签署的人才培养协议。

①云南省科协在老挝建立科技人才交流平台

2015 年 12 月，云南省科学技术协会与老挝中国总商会签订了《老挝中国总商会与云南省科协海智合作备忘录》，通过建立科技人才交流平台，助推双方人力资源和科技项目合作。明确了双方共同在“万象天阶金融产业（科技）示范区”建立海智科技人才交流平台的相关事项。此外，还联合万象市科技厅举办了滇老人力资源、科技合作项目洽商对接筹备会议，商讨落实双方具体的合作项目，共同探索在“万象天阶”建立技术转移产业化新模式。

②昆明理工大学与老挝能源及矿产研究院签署人才培养协议

2018 年 7 月，昆明理工大学在老挝首都万象与老挝能源矿产部能源与矿产研究院签署人才培养与共建中老矿冶新技术和能矿工程设计研究中心协议。根据协议，昆明理工大学将为老挝能矿部培养本科和研究生学历教育人才，双方共同对老挝能矿部在职从业人员进行专业继续教育，同时与老挝能矿研究院合作，共建中老矿冶新技术和能矿工程设计研究中心，将中心建设成为南亚和东南亚地区一流的研究中心。协议涉及的中老矿冶新技术和能矿工程设计研究中心将重点开展科技人才交流与培养、分析检测服务、共性关键技术研发以及能矿产业标准体系建设等。

3. 主要合作平台

云南与老挝之间技术转移的主要平台有中国－老挝科技创新合作对接会和中国昆明－老挝万象泛亚技术转移暨成果转化对接会。

（1）科技创新合作对接会

在中国科技交流中心和中国－东盟技术转移中心的支持和协助下，由中老两国科技部主办，云南省科技厅与老挝科技部技术创新司承办的“首届中国－老挝科技创新合作对接洽谈会”于2013年10月在老挝万象举办。通过对接洽谈促成“中国（云南）－老挝科技交流与技术转移示范合作”“老挝特色良种家鸡资源开发利用与推广示范”“中老两国食用菌产业人工栽培示范园建设”“中国－老挝政府电子商务和技术转移系统平台建设”等9个项目签订了合作协议。①

2014年1月，“首届中国云南－老挝科技合作对接会”在云南昆明举行。② 2014年12月，云南省科技厅与老挝科技部在老挝共同组织召开“第二届云南省人民政府－老挝科技部科技合作对接会”。两届对接会上，云南与老挝有关部门签署多项协议，进一步加强双边科技交流与合作。

2017年8月，云南省科技厅、云南师范大学、云南农业大学、云南省药物研究所、云南省环境科学院、云南省建筑科学院相关负责人在省科技厅与老挝科技部部长一行进行了第三届滇老科技合作对接。对接会肯定了滇老科技合作的成绩，青年科技人才培养、新能源开发、本地鸡养殖等项目非常具有示范意义。

（2）中国昆明－老挝万象泛亚技术转移暨成果转化对接会

昆明泛亚技术转移暨成果转化对接会是昆明市科技局为推进国家创新型试点城市和科技“桥头堡”建设，促进区域科技自主创新和成果转化而搭建的科技服务创新平台，已成为昆明科技服务经济社会发展的重要平台。第16届中国昆明－老挝万象泛亚技术转移暨成果转化对接会于2016年7月在万象召开，会上签订了“昆明市科学技术局－万象市科学技术局科技合作协议”。

① 首届中国－老挝科技合作洽谈会在老挝成功举办［EB/OL］. http://www.ynstc.gov.cn/kjyw/201310280002.htm, 2018－06－14.

② 中国云南农垦集团与老挝共同合作拓展天然橡胶产业［EB/OL］. http://www.ocn.com.cn/chanjing/201511/uxvqi25154914.shtml, 2018－06－14.

（三）中（滇）老科技合作的需求分析

相对周边泰国、马来西亚等国家，老挝整体处于工业化初级阶段，如今开始加快城市化建设进程，在工业体系建立健全、新技术应用、产业培育和创新理念学习等方面，中老双方有迫切的合作需求和广阔的开发空间。

其一，老挝长期以来以农林业和旅游业为主，在机械制造、能源、工程建设、农副产品深加工等领域没有工业化积累。政府在食品安全、包装、建材、贵重金属、环保等涉及基本民生保障和城市基础建设等领域，都有意愿通过国际合作建立和完善标准和质量检测检验体系。

其二，老挝当地虽然用工成本低廉，但缺乏懂技术、有质量的劳动力资源，因此对于专业技术人才需求量很大。对致力于教育培训的机构而言，这是一块潜力巨大的蛋糕。有资质的人才中介机构可以结合当地中国企业业务实际，联合开展工程技术人员专业培训和人才培养合作，开展科技管理人员的交流互访和职业培训，建立互联互通、合作开放的科技人文交流机制，助推中国企业在当地扎根壮大。

其三，老挝作为工业化初级阶段的国家，地方政府在制定产业发展相关扶持和鼓励政策、布局引导产业发展方面，还处于相对粗放的阶段；对于保护生态环境、回避传统工业化模式造成的污染和高能耗等方面，还缺乏科学判断和成熟经验，亟须先进的发展理念和发展模式的引入。对此，应加强“一带一路”框架下的科技合作平台建设，从有效改善人民生产生活切入，在食品安全、照明、城市交通、能源等领域，引入低成本、高可靠性、智能化且环境友好的技术，帮助带动当地建立联合工程技术中心、技术创新中心、联合实验室以及创新创业孵化等，并快速在一定规模内建立示范应用（开发区和产业园区等），加快推动科技成果在当地的转化扩散。

四、进一步推动云南与老挝开展科技合作的建议

（一）深化与老挝的农业合作

积极参与老政府鼓励投资发展的水稻、玉米、木薯、香蕉等作物的种植和水产、畜牧养殖及深加工行业，建设高水平现代农业示范基地。同时，充分调查了解老挝客观实际，有针对性地参与项目投资合作，避免获批土地后无力实施的盲目投资行为。要充分发挥资金、管理和技术方面优势，积极吸引当地政府、百姓参与合作，主动传授农业经验，培训当地技术人才，带动地方经济发展，并尝试建设集技术展示、企业孵化、交流对接、信息分享、咨询服务、综合配套服务等功能为一体的中国与老挝农业科技合作创新机构。

（二）加强中国－东盟创新中心老挝分中心建设

随着云南与老挝的科技创新合作走向深入，相关部门和机构建立了广泛和深入的线上线下合作关系与渠道。围绕云南省八大重点产业、绿色能源、绿色食品和健康生活目的地“三张牌”产业和数字经济建设，融入老挝科技博览会交流，深化产学研深度融合的务实合作，尤其是要务实深化云南自贸片区与老挝开展跨境科技大市场和沿边科技示范合作，提升双边高新技术产业园、科技园、农业示范园、工业园示范合作层次和水平。

（三）密切推进跨境生物资源保护

近年来，老挝与中国在作物科学、植物保护和动物科学等领域签署了合作协议。双方未来亟须进行科技专家交流以及科技信息和文献交流合作，以便能让中老两国在跨境生物资料保护上达成共识，建立对话机制，更为精准和有效地推进两国在跨境生物资源保护方面的合作。

（四）深入开展中老林业科技合作

以澜湄合作机制首届领导人会议确定的早期收获项目——大湄公河次区域森林生态系统综合管理规划与示范项目为指引，积极主动完成老挝子项目。发挥云南省林业厅的主动性，通过示范项目推动中国和老挝跨境保护合作，建立保护区联合巡护和人员培训机制；同时，依托云南省林科院，向老挝派出项目技术专家，培养国际型专家，提升云南省在大湄公河区域林业发展方面的辐射能力。

（五）推进滇老医疗卫生领域合作

其一，继续依托国家卫生计生委“东盟 10 +1 中老边境 5 省医疗卫生服务合作体建设”项目，加强边境州市与老挝北部省区之间的全方位医疗合作，全方位提高老挝北部地区医院的医疗水准。其二，进一步扩大边境地区传染病的防治力度，加强边境的传染病屏障功能。其三，加强滇老双方在傣医以及中医方面的合作力度，通过本土医疗知识方面的交流，促进双方医疗水平的提升。其四，加强在疑难杂症治疗方面的交流。

（六）积极开展滇老科技人才培训工作

如前所述，老挝在科技发展方面严重缺乏科技人才。结合云南省在农林业方面的优势，可借助援外资金和澜湄合作资金，在滇老铁路沿线省区建设技术培训中心，时机成熟后建设滇老应用技术学院或科技学院，不仅能为老挝提供其所需科技人才，还能为老挝科技人才培养构建培养模式，扩大中国科技对老挝的影响力。

第八章　柬埔寨

一、科技发展概况

（一）柬埔寨科技发展基本情况

柬埔寨国土面积 18.1 万平方千米，截止到 2016 年，柬埔寨人口 1576 万。柬埔寨工业基础薄弱，科技等领域的发展都比较依赖外援外资。近年来柬埔寨经济平均增速保持在 7% 以上，经济发展充满活力。从 2018 年全球创新指数（GII）报告得知，柬埔寨在 126 个国家中排名第 98 位，说明柬埔寨在制度、人力资本与研究、基础设施、市场成熟度、商业成熟度、知识与技术产出、创意产出等方面均有所进步。柬埔寨是东盟国家中对外资进入政策较为宽松的国家。劳动力平均年龄非常年轻。由于柬埔寨的产业集中在劳动集约型方面，城市与农村发展差距较大，亟待为产业界提供必要人才的职业教育。

柬埔寨是个农业国，自然条件优越，土地肥沃，终年适宜农作物生长，农业发展潜力巨大。但因生产力水平低下、基础设施落后、财政和科技投入不足等原因，柬农业种植业发展一直较缓慢，耕作方式基本处于粗放式、广种薄收和“靠天吃饭”阶段，城乡发展差距非常大。柬埔寨政府一直将农业作为经济发展的重点。

柬埔寨水资源丰富，但电力基础设施薄弱，电力短缺。“四角战略”提出发展能源领域，实现电力生产和供给充足，优先满足城市中民间投资以及私人设施的电力需求。柬政府计划在 2020 年前建成 8 个水力发电站，并提高水电站的发电效率，尽早实现柬埔寨电力的自给自足。但是目前柬埔寨雨季和旱季雨量差异较大，旱季发电依然是个问题，亟须大力提升旱季发电科技水平。柬埔寨矿产和能源部位于金边，是一个负责管理和培育柬埔寨采矿业和柬埔寨能源产业的政府部门。此外，柬埔寨还有专门的电力局负责管理电力供应和建设、经营电力基础设施。

1. 科技投入

根据 UNESCO 和《世界数据图册》的数据，2002 年柬埔寨研究开发经费约有 684 万美元，在 GDP 中仅占 0. 05% 。这个比例在东盟国家中最低，至 2015 年柬埔寨科技投入在 GDP 中的占比提升至为 0. 1% 。[①] 柬埔寨十分缺乏自身的产业开发能力和研究开发能力。

2. 科技人才资源

2002 年时从事研究的总人数为 774 人，其中 223 人为全职人员，数量非常少。2002 年时每百万人口中有科技研发人员 18 人，2015 年时增加至 30 人；2002 年时每百万人口中有研发技术人员 13 人，2015 年时为 61 人。[②]这个数量比老挝和文莱的科研人员数量还少，排在东盟国家中最后一位。柬埔寨大学生数量非常少，科研人员薪水非常低，优秀的研究人员流失严重。因此，对于柬埔寨而言，如何留住人才和培养人才是目前科技发展面临的最大课题。

3. 科技产出

（1）科技论文

根据《世界数据图册》的数据，2008—2016 年柬埔寨科技期刊论文的发表如下表所示。

① 世界数据图册：柬埔寨［DB/OL］. http：//cn. knoema. com/atlas/柬埔寨/topics/研发/研发支出/研发支出占国内生产总值的百分比，2018 - 11 - 11.

② 世界数据图册：柬埔寨［DB/OL］. http：//cn. knoema. com/atlas/柬埔寨/topics/研发/研发人员/研发技术人员，2018 - 11 - 11。

2008—2016 年柬埔寨科技期刊论文发表情况

年份	科技期刊论文发表数（篇）	增长比
2008	55	7.89
2009	62	12.61
2010	59	-4.38
2011	72	22.24
2012	76	5.28
2013	86	13.06
2014	94	10.04
2015	111	18.13
2016	117	4.94

数据来源：世界数据图册：柬埔寨［DB/OL］. http://cn.knoema.com/atlas/柬埔寨/topics/研发/研发支出/科技期刊论文，2018-11-11.

根据柬埔寨科技与学术政策研究所的调查，柬埔寨的论文发表数量2009—2011 年为406 篇，在全球排名第115 位。

（2）专利申请

2010—2015 年柬埔寨常住人员和暂居人员专利申请

年份	常住人口专利申请	非常住人口专利申请
2010	/	26
2011	/	43
2012	/	53
2013	1	74
2014	2	65
2015	/	65

数据来源：世界数据图册：柬埔寨［DB/OL］. http://cn.knoema.com/atlas/柬埔寨/topics/研发/专利申请书/暂住人员专利申请，2018-11-11.

（3）高科技出口值

2010—2016 年柬埔寨高科技出口值

年份	高科技出口值（美元）	在制造业出口中所占比例（%）
2010	4699613	0.1
2011	5139291	0.1
2012	6848985	0.1
2013	6848985	0.3
2014	30874012	0.5
2015	60108587	0.8
2016	39805148	0.4

数据来源：世界数据图册：柬埔寨［DB/OL］. http：//cn. knoema. com/atlas/柬埔寨/topics/研发/专利申请书/暂住人员专利申请，2018－11－11.

（二）科技发展战略与政策

柬埔寨没有以科技发展为中心的科技部。教育、青年和体育部是管理高等教育机构的部门，邮政电气通信部、产业矿业与能源部、社会福利与劳动职业培训部以及农林水产部、计划部、经济财务部等部门各司其职，由这些部门组成的国家最高经济会议负责制定国家科技产业政策。柬埔寨理工大学和皇家金边大学等国立大学属于教育、青年和体育部的研究发展中心管理。

1. 四角战略（Rectangular Strategy）

2004 年，洪森首相发布了国家发展战略，指出国家发展面临的几个问题，分别是肃清腐败、司法改革、行政改革、军队改革，这四个方面形成了四边形，因此称为四角战略。在这个“四角战略”中，实现良政是中心问题。“四角战略”确定了四个优先发展领域，其中，建设和改善基础设施是重要内容之一，包括恢复与重建交通基础设施、加强水资源管理和建设科学的水利系统、发展能源和输变电网建设、发展电信和邮电技术水平等。柬埔寨政府表示，在推进改革的过程中，最为重要的是实现和平与政治稳定、发展经济、削减贫困。“促进农业和农村发展”是柬埔寨实现包容性和可持续发展的首要内容，柬政府希望通过增强农业多样性，提高农业生产力，缩小城乡收入差距，提升经济社会发展的动力和韧性。柬埔寨政府制定了农业可持续发展的中长期战略，包括提高生产管理水平、建立抵御自然灾害的应急机制、加大财政支持、提高农业机械化使用率、促进农产品深加工、增加农民收入、积极培育和推广传统优良品种的使用率等。

2. 2015—2025 工业发展计划

为解决自身经济中存在的问题，保持经济中高速增长，尽快融入东盟区域经济一体化进程，2015 年 8 月，柬埔寨提出《2015—2025 工业发展计划》，其主要目标是：到 2025 年，柬埔寨经济融入地区和国际产业链，以改变当前劳动力密集型为主的经济发展模式，力争向科技驱动型和知识型现代产业发展。根据该计划，2025 年前，柬埔寨制造业在 GDP 中的比重将从 2013 年的 24.1% 提高到 30%；另外柬埔寨将进一步促进出口产品多元化，重点发展高附加值新兴工业、制造业、医药、建材、包装、家具制造等领域的中小企业。

（三）科技管理部门、科研机构、研发型大学

柬埔寨科技管理工作分散在教育、青年和体育部，邮政通信信息部，产业工业和能源部，社会福利和劳动职业培训部。教育、青年和体育部承担着相对较多的科研管理职能。柬埔寨大学是人才培养基地，研发型大学以金边大学为代表。

1. 科研管理部门

没有专门设立科技部的柬埔寨，1993 年成立了管理国立大学的教育、青年和体育部。这个部门同时也是国家科技发展政策的制定中心。这个部门下属开展研究的大学有柬埔寨理工大学和皇家金边大学。柬埔寨有 91 所高等教育机构，其中 35 所国立大学、56 所私立大学。部分私立大学由社会福利和劳动职业培训部管辖。

2. 科研机构

柬埔寨的科研机构包含自然科学和社会科学，主要研究智库为柬埔寨发展资源研究所（Cambodia Development Resource Institute，以下简称 CDRI）。

1991 年 3 月，CDRI 得到柬埔寨政府许可正式成立，作为柬埔寨本土非营利培训和智库机构，在政府计划部的指导下开展工作。政府对 CDRI 的发展给予了巨大支持，提供研究场地并委派计划部和内阁两位资深官员参与机构建设。政府在 2000 年，CDRI 被确认为独立、私人、非营利机构。CDRI 的职能主要是为柬埔寨发展提供人力资源和相关服务，有 6 个研究机构，分别是农业所、经济所、教育所、环境所、管理所和健康所。

3. 研发型大学

柬埔寨对高层次人才的需求非常旺盛，但是人才供给严重不足。根据世界银行的数据，大学入学率不到 10% 。大学都集中在金边地区。农村地区的识字率、入学率非常低，存在教育资源和机会不均衡的问题。柬埔寨的大学未能发挥充实柬埔寨教育资源的功能。大学研究经费和研究设施严重缺乏，不依靠外部研究基金难以开展研究活动，国家整体科研发展水平非常低。

（1）柬埔寨理工大学

柬埔寨理工大学是 1964 年创立的国立大学。虽然是国立大学，但是从人员编制到资金分配都有很强的独立性，国家仅为学校的发展提供辅助性人员费。柬埔寨理工大学主要有化学与食品技术、土木工程学、电气电子工程学、地质工程学、ICT、产业与机械工程学、农学这七个系。学生约 4000 人，每年完成硕士学位课程的学生有 70 人，完成工程博士学位课程的有 7 人左右。大学阶段学制五年，由于与产业发展所需人才非常贴合，学生毕业后的就职完全没有问题。现在柬埔寨理工大学接受法语圈大学合作机构（AUF）、比利时援助机构、日本国际协力机构 Aun－Seed 项目、韩国援助机构的援助、奖学金和留学项目，此外还接受国外机构的招聘教授项目等。

（2）皇家金边大学（Royal University of Phnom Penh）

皇家金边大学成立于 1964 年，是柬埔寨国内办学时间最长、规模最大的学校，也是柬埔寨唯一一所基础性研究大学。皇家金边大学主要有理学系、社会与人文科学系、工学系和发展学系，此外还有外语研究所。教职人员有 6760 人，与教育相关的成员有 420 人，其中 24 人取得了博士学位。大学生与研究生院学生共有 18000 人。计划于 2020 年开设博士学位课程。

二、对外科技合作概况

（一）与发达国家的科技合作

1. 与日本的合作

日本和柬埔寨之间的研究交流活动非常活跃。现在，柬埔寨主要研究机构中的骨干几乎都有赴日本留学的经历。柬埔寨希望引入日本式的职业教育制度。日本与柬埔寨的科技合作主要依托日本国际协力机构（JICA）的援助项目实施。JICA 从 2000—2005 年，以提高国立教育研究所的数理化科目教育水平为目标，在柬埔寨实施了理科教育改善项目。2005—2008 年实施了高中理科教科书编撰项目。2008—2012 年继续实施理科教育改善计划。2019 年 7 月，日柬两国签署协议，日本政府向柬埔寨提供总值 5 亿日元（相当于约 400 万美元）的无偿援助，用于落实柬埔寨社会和经济发展项目。未来两国将会进一步加强基础架构、巷道桥 - 道路安全桥建设、河流系统环境治理、商贸、旅游等方面的科技合作。

2. 与韩国的合作

柬埔寨与韩国的科技合作主要是太阳能光伏发电项目建设和经济援助方面。柬埔寨白马省 10 兆瓦光伏电站项目由总部位于韩国的全球绿色成长研究所（GGGI）牵头投资。此外，韩国为柬埔寨排雷行动提供了 1000 万美元援助，并增加了柬埔寨劳工赴韩务工的名额。2019 年 11 月在韩国釜山举行的第一届湄公河流域国家 - 韩国峰会上，柬韩双方举行会谈并签署了 5 份文件，即《关于避免双重税收和防止偷漏税的协定》《刑事事宜相互法律协助条例》《农业合作谅解备忘录》《信息通信技术合作谅解备忘录》和《自由贸易协定磋商》联合声明。此外，韩国政府决定提高对柬埔寨的贷款额度（2019—2023 年），从目前的 3.5 亿美元增至 7 亿美元，从而参与柬埔寨的基础设施建设。

（二）与发展中国家的科技合作

1. 与俄罗斯的合作

柬埔寨与俄罗斯双边关系甚好，两国在科技方面也开展了密切的合作。2017 年柬领导人出席了 5 月在俄罗斯索契举行的俄罗斯－东盟峰会，其间两国政府曾商定将在和平利用核能领域展开合作。柬埔寨环保部和俄罗斯国家原子能公司还签署了建立柬俄和平利用核能合作联合工作组、在柬埔寨建立核能信息中心的合作备忘录。同年 8 月，应俄罗斯外长邀请，柬埔寨相关领导人赴莫斯科出席第 10 次柬－俄商务、经济、科学与技术委员会会议取得了丰硕成果。俄罗斯决定为柬埔寨增加核科技奖学金名额，决定执行在柬埔寨建立核能信息中心的合作备忘录，商定将在柬埔寨执行卫星计划。

2019 年 11 月召开东盟峰会期间，柬俄双方举行会谈，俄罗斯表示将提供柬埔寨人力资源培训和技术支持等；继续为柬埔寨－苏联友谊医院提供力所能及的帮助；增加为柬埔寨学生提供的奖学金名额等。

2. 与越南的合作

柬埔寨与越南高度重视教育培训、电信、农林渔业、旅游、金融、银行、医疗卫生、航空、能源等领域的合作。2016 年越柬双边贸易金额近 30 亿美元，双方国防安全合作继续深化，陆地边界勘界立碑工作继续得到加强，两国各边境省份间的交流合作不断加深。至 2017 年，柬埔寨共有近 4000 名大学生在越南学习与研究。越南赴柬游客总数连续 8 年位居柬埔寨海外游客总数第一位。2017 年 4 月，越柬双方总理签署了四个关于高速公路研究、自愿戒毒中心项目技术、水产养殖合作、金边－河内友谊大路建设方面的合作备忘录，[①] 双方一致同意加强教育、边贸、旅游、电信、航空、银行、油气、橡胶、农业、能源等两国具有优势领域的科技合作。

---

① 越南与柬埔寨发表联合声明［DB/OL］. https：//zh. vietnamplus. vn/% E8% B6% 8A% E5% 8D% 97% E4% B8% 8E% E6% 9F% AC% E5% 9F% 94% E5% AF% A8% E5% 8F% 91% E8% A1% A8% E8% 81% 94% E5% 90% 88% E5% A3% B0% E6% 98% 8E/52077. vnp，2018－11－18.

（三）与国际组织的合作

国际组织中，柬埔寨与联合国的合作最为频繁。2016 年至 2018 年，联合国通过联合国发展援助框架协议（UNDAF）援助柬埔寨 2.82 亿美元。[①] 联合国对柬埔寨的援助主要用于三大优先领域：一是帮助柬埔寨提高经济与持续性发展，援助金额达 9400 万美元；二是社会福利、社会保障与人力资源发展，援助金额达 1.43 亿美元；三是行政、人权与跨部门问题援助，援助金额达 4500 万美元。近年来，柬埔寨与联合国开发计划署、联合国工业发展组织以及亚洲开发银行等开展了多个科技合作项目。

三、与中国（云南）科技合作现状

（一）柬埔寨与中国科技合作概况

柬埔寨是中国友好邻邦，中柬传统友谊源远流长。近年来，在推进“一带一路”建设、中国－东盟合作等合作机制框架下，中柬两国在科技创新领域的合作持续深化。在农业、基础设施建设、电力能源项目、双边贸易、旅游等领域展开全方位合作，科技创新合作务实高效，有力推动了经济社会可持续发展。两国政治互信不断深化，双方高层往来频繁。

作为柬埔寨最大贸易伙伴和外资来源国，中国在柬埔寨经济社会发展中发挥着日益重要的作用。2017 年，中柬双边贸易额约 50 亿美元。中国累计对柬投资超过 120 亿美元。中国“一带一路”倡议的提出和“四角战略”实现了高效对接，推动两国经济互补优势释放潜能，为中柬科技和经贸合作谱写了新篇章。“丝路基金”和亚洲基础设施投资银行也让柬埔寨的经济建设与社会发展受益。

---

① 近 3 年联合国援助柬埔寨 2.82 亿美元［DB/OL］https：//www.58cam.com/article－5323－1.html，2018－11－18.

双方在基础设施领域的友好合作已有多年，中国企业帮助柬埔寨建设了6个水电站，中资发电企业已成为柬埔寨最大的电力提供商。中国在柬修建的路、桥、水利设施和电网，为柬经济社会发展作出了重要贡献。目前，柬方正在与中国路桥公司筹建柬埔寨第一条高速公路——金边至西哈努克港高速公路，全长200千米，建成后将极大促进柬埔寨经济发展；柬埔寨全国光纤通信网络项目也由中国企业建设，这将为柬埔寨搭建起21世纪通信信息互联互通的高速公路。

截至2017年10月，中国累计对柬埔寨协议投资125.7亿美元，占柬吸引外资总额的36.4%。多年以来，中国也是柬埔寨最大贸易伙伴国和最大进口来源国。西哈努克港经济特区吸引100多家中外企业入驻，为当地提供了近2万个就业岗位，成为中国“一带一路”倡议与柬埔寨“四角战略”对接的标志性合作项目。

2019年1月，习近平主席会见柬埔寨首相洪森时宣布：中国将在2019年至2021年期间向柬埔寨提供40亿人民币无偿援助。同时中国从柬埔寨进口大米的配额增至40万吨。中方将继续致力于发展与柬埔寨的贸易往来，计划到2023年两国双边贸易额增至100亿美元，继续鼓励更多的中国投资者到柬埔寨投资。当前，中国正处于全面建成小康社会决胜阶段，柬埔寨也处在推进“2015－2025工业发展计划”关键阶段，两国经济具有很强互补性，发展战略高度契合。作为共建“一带一路”合作重要方向，中柬在国际产能合作、经贸投资、基础设施互联互通、能源资源等诸多领域科贸合作潜力巨大。

1. 主要合作领域

中国和柬埔寨科技合作涉及的领域包括农业、林业、能源、基础设施建设、渔业、动植物检验检疫和海洋等方面。

（1）农业合作

中柬两国领导人高度重视两国间的农业合作。2000年两国签署《中柬农业合作谅解备忘录》。2002年11月两国将农业确定为重点合作的三大领域之一。2010年3月两国签署加强中柬农业合作的协议。2016年10月，中国农业部与柬埔寨农林渔业部签署了《中国－柬埔寨农业合作会议纪要》。中国农业部于2017年6月派遣高级别农业顾问前往柬埔寨进行农业援助，帮助柬方制定符合当地发展情况的农业规划、制度和管理措施。

2017年，中国政府启动“派遣顾问组”这一新型援助形式，通过向柬埔寨派遣优秀专家、开展咨询建议、举办培训等方式，帮助柬制定和完善发展规划，提升发展人才储备，进而提高农业发展水平和能力。同年，海南省农业厅组织海南顶益绿洲生态农业有限公司申报的“柬埔寨－中国热带生态农业合作示范区”通过农业部评选，被认定为首批境外农业对外合作示范区建设试点。示范区按照“一区多园N基地”的思路，分阶段建设六个产业园：“柬－中香蕉产业园”“柬－中胡椒产业园”“柬－中热带水果产业园”“柬－中畜禽养殖产业园”“柬－中热带农副产品加工物流园”“热带雨林公园生态旅游体验园”。项目已经开发了10000公顷农业用地，种植了香蕉、胡椒、橡胶、木薯、腰果、榴莲、香水椰子等农作物，建成了500多千米的道路和生态水库，建设了中外员工的办公生活设施，拥有200多台套大型农林机械，有效提高了柬埔寨热带农业种植、加工技术水平，与柬方建立了有效的沟通机制。

此外，中国海外经济合作公司、中国农垦集团、广西北海外经公司等企业曾先后在柬投入一定资金，探索农业综合开发，包括优质杂交稻等农作物、经济作物种植、家畜养殖以及木薯、橡胶、麻风树、蓖麻、甘蔗、棉花、哈密瓜等经济作物的可能性，但土地纠纷、水利灌溉设施落后、电力成本和运输成本高等问题也在一定程度上影响了企业的投资热情。

（2）林业合作

2016年，中国国家林业局和柬埔寨农林渔业部正式签署了一个关于林业合作的备忘录，明确了两国在森林的可持续经营、林业产业、野生动物保护、林业科技以及森林防火这五个重点领域开展合作。2018年1月，两国签署了启动实施热带珍贵木材的培育和示范中心的合作协议。同时把现在实施的，从资源培育到扶贫、碳汇、资源的恢复等一些援助项目做好；3月，中柬合作在柬埔寨举办“2018国际木材日”，还联合实施了森林林产品的认证。[①]

（3）能源及基建合作

柬埔寨作为“一带一路”沿线重要的支点国家之一，经济发展快，市场容量广，能源缺口大。为支持柬发展能源，葛洲坝集团为柬埔寨建造了达岱水电站、额勒赛水电站和桑河二级水电站以及200MW双燃料电站。项目建成后将为柬埔寨电网提供年平均17.5亿千瓦时的发电量，极大缓解柬埔寨首都金边地区电力供应紧张的局面，为当地经济发展提供电力保障。中国政府将在柬埔寨投资修建新能源发电厂，开发柬埔寨太阳能与风能项目，为柬埔寨解决用电问题。

2019年前4个月，柬政府批准了115个投资项目，其中许多是来自中国的基建项目。如由中建八局承建的援柬埔寨体育场项目和中柬友谊医疗大楼。援柬埔寨体育场项目是中国政府对外援助规模最大、等级最高的体育场，属国家“一带一路”重点工程，项目建成后将作为2023年东南亚运动会的主会场。援柬埔寨中柬友谊医疗大楼建设地点位于金边市，项目规模400张床位，是一座功能齐全的综合性医疗大楼，建筑面积3.3万平方米。大楼建成后将成为柬埔寨地区第一座“低能耗、高品质”的现代化医疗理念的公立医院。

（4）渔业合作

2015年7月，柬埔寨农林渔业部渔业局与中科院南海海洋所就海洋领域相关科研合作展开讨论，签署了合作备忘录，开展海洋生态研究与监测、海草研究、海洋环境及海洋渔业及保护等方面的深入合作，加强双方的人员往来，共同举办研讨会/培训班以及联合申报项目。[②] 2017年2月，中国海洋捕捞公司公布，与柬埔寨王国农林渔业部订立关于渔业产业化项目战略合作备忘录，按照双方国家法律促进中国和柬埔寨王国相关机构和

① 杨琼．中国和柬埔寨签署建设珍贵树种繁育中心的协议［DB/OL］．http：//www. dzwww. com/xinwen/guojixinwen/201801/t20180112_ 16904581. htm，2018－06－25.

② 携手柬埔寨渔业签署合作备忘录［DB/OL］ http：//news. sciencenet. cn/sbhtmlnews/2015/7/302340. shtm，2015－07－20.

商业实体的水产养殖和渔业产业链合作与发展。支持和促进合作的项目包括：发展水产养殖，发展、研究水产养殖科技以及投资水产种苗生产与培育、水产饲料及捕捞后渔业和商业发展等。2018 年，中国淡水渔业研究中心获邀参加柬埔寨第 16 届国家放鱼日活动，并与柬埔寨农林渔业部长举行了会谈，双方一致同意在"一带一路"和澜湄合作机制框架下，互利共赢，共同打造亚洲"渔业命运共同体"。2019 年 8 月，由商务部主办、中国水产科学研究院淡水渔业研究中心承担实施的"柬埔寨水产养殖技术培训班"项目在江苏省无锡市启动，此次培训项目为期 30 天，吸引了来自柬埔寨渔业系统的 30 名渔业管理和技术官员参加。

（5）动植物检验检疫

2010 年 10 月，国家质检总局和柬埔寨农林渔业部签署了《中华人民共和国国家质量监督检验检疫总局与柬埔寨王国农林渔业部关于柬埔寨精米输华的植物卫生要求议定书》和《中华人民共和国国家质量监督检验检疫总局与柬埔寨王国农林渔业部关于动植物检验检疫领域 SPS 合作谅解备忘录》。① 双方有关代表还同时签署了《关于柬埔寨木薯干输华检疫准入工作合作安排》。双方签署的上述合作文件标志着中柬两国政府部门间制度化、机制化合作关系的正式建立。

（6）海洋科技合作

在中国国家海洋局和柬埔寨王国环境部的共同努力下，双方在海洋领域取得了丰硕的合作成果。2012 年 7 月，中国国家海洋局第一海洋研究所与柬埔寨智慧大学等机构签署了《海洋科学与技术领域合作谅解备忘录》，这是中柬两国在海洋领域的首个合作协议。双方在联合科学研究、专家学者互访、研究生交流、联合研讨会及相关学术培训等多个方面开展了合作。2013 年 10 月，中国国家海洋技术中心与柬埔寨智慧大学签署了《海洋科学与技术领域合作谅解备忘录》，内容涉及海洋观测监测技术、海洋

---

① 雷柏松、张瑞玲．中国柬埔寨签署卫生和动植物检验检疫等合作文件 [DB/OL]．http：//www.gov.cn/jrzg/2010 - 10/22/content_ 1728452.htm，2018 - 06 - 25.

空间规划、人员交流互访等。2015 年 9 月，中柬双方合作确定了《海洋合作谅解备忘录》的基本内容，并共同起草了《中柬海洋合作优先计划(2014—2018)》，该计划优先支持海岸带管理与脆弱性研究、生物多样性保护及海洋公园（保护区）建设管理合作、海洋监测及预报能力建设合作、海洋管理与政策合作等。

2. 主要合作方式

中柬科技合作主要方式有共建科技实验室、技术转移和共建科技示范园区。

（1）中柬食品工业科技合作实验室

根据中国科学技术部与柬埔寨工业矿产和能源部关于开展两国间食品工业技术合作、在柬埔寨援建中柬食品工业科技合作与联合实验室项目的合作框架（协议）内容，中国轻工集团公司下属单位中国食品发酵工业研究院与柬埔寨联合实验室中心在柬埔寨建设“中柬食品工业科技合作实验室”。中柬食品工业科技合作实验室是“中国 - 东盟科技伙伴计划”下的第一个实验室，为“一带一路”成员国食品科技的交流提供了示范。通过“中柬食品工业联合实验室”援建项目，中方帮助柬方建立食品安全和加工技术示范实验室，完善食品工业标准体系，有利于提升柬埔寨食品企业的产品质量安全水平。

（2）技术转移中心

2014 年 8 月，柬埔寨工业和手工业部、中国广西科技厅和柬埔寨国际合作机构在柬埔寨首都金边签署合作协议，共建中柬技术转移中心。① 中柬技术转移中心是在中国 - 东盟科技合作伙伴框架下，中国与东盟国家共建的第一个技术转移中心。中柬技术转移中心致力于面向两国提供高价值的技术供求信息、高效率的技术转移对接渠道、高层次的技术转移活动等，推动中柬两国企业、科研院所和高校的技术转移与创新合作，进一步

① 王其冰、李弘．中柬技术转移中心成立［DB/OL］．http：//www. xinhuanet. com/world/2014 - 08/18/c_ 1112127012. htm，2018 - 06 - 26.

促进两国科技领域的合作迈上新的台阶。

(3) 科技合作示范区

中柬农业经贸合作特区——天睿（柬）农业经贸合作特区由中国山东烟台天睿投资有限公司投资运营，是柬埔寨第一家农业产业化经贸合作特区项目，也是中柬两国农业部门共同确认的国家级合作项目。双方大力支持该项目的建设发展，拟将合作区共同建设成为集研发、培育、种植，到收购、仓储、加工，再到销售、物流、服务等上中下游产业链一体化的“中柬国家级农业经贸合作区”项目。2016 年 10 月，柬埔寨农林渔业部与天睿（柬）农业经贸合作特区在柬埔寨首都金边签署合作备忘录，标志着中国－柬埔寨国家级农业经贸合作项目正式确立。①

（二）滇柬科技合作概况

早在 20 世纪 60 年代，云南与东南亚国家就已经开启了农业及农业科技合作。近几年，随着国际合作水平的不断提高，云南与柬埔寨在科技方面的合作也正加快步伐。

云南与柬埔寨的科技合作主要集中在农业领域。从 2008 年开始，云南省农业科学院整合相关力量先后倡导成立了“大湄公河次区域农业科技交流合作组”“国际农业研究中心”“云南－东南亚农业培训中心”，先后主导和参与成立了“东南亚保护农业协作网”“云南－暹粒友好农业科技示范园”等跨境合作平台，确立了省农科院在大湄公河次区域农业科技合作中的主导地位。省农科院选育的大豆、陆稻、小麦、杂交水稻、马铃薯、甘蔗、柠檬等一大批具有云南特色和优势的作物品种已被柬埔寨等东南亚国家引进并示范推广，其他作物如橡胶、木薯、茶叶、咖啡、澳洲坚果、草果等在周边国家也已有相当规模。农业科技示范园区、联合研究和人才培养与交流，已经成为滇柬科技合作的主要方式。

① 李翼. 中国－柬埔寨首个国家级农业经贸合作项目正式确立[DB/OL]. http://finance.chinanews.com/cj/2016/10－19/8036883.shtml, 2018－06－25.

1. 农业科技示范园

云南省与柬埔寨共建的农业科技示范园有两个：一个是云南－暹粒友好农业科技示范园，另一个是云南－班迭棉吉农业科技友谊示范园。

（1）云南－暹粒友好农业科技示范园

云南－暹粒友好农业科技示范园是云南省与柬埔寨暹粒省建立友好省份以来实施的第一个合作项目，2009年4月竣工，首期工程占地面积达7公顷，由云南农科院提供农业科技及示范技术指导，共同开展在杂交水稻、杂交玉米、蔬菜、花卉等新品种方面的科技示范，加快柬埔寨暹粒省的农业发展。①

（2）云南－班迭棉吉农业科技友谊示范园

2012年4月，云南省在柬埔寨首都金边与柬埔寨班迭棉吉省签署合作协议，共建农业科技友谊示范园。农业科技友谊示范园将在10公顷的面积内开展粮食与园艺作物新品种试验示范及新技术展示，通过新品种与新技术推广和农业技术培训等提高当地粮食单产，带动周边农业增效、农民增收、农村发展。目前，项目已完成建设规划和设计工作。②

2. 联合研究

联合研究集中在农业育种与热带病联合防治和防控方面。

（1）农业育种

云南农科院与柬埔寨国家农业科学院（CARDI）于2007年签署合作协议后开展大豆、甘蔗、陆稻、马铃薯、植物保护、农业经济发展等合作，共同筛选出一批适合柬埔寨种植的品种。2012年4月6日云南省农业科学院与柬埔寨国家农业科学院在金边续签合作协议，重点加强大豆育种合作研究。③

---

① 昆明市商务局．云南－暹粒友好农业科技示范园 与柬埔寨实施的第一个合作项目［DB/OL］．http：//spzx. foods1. com/show_ 1009657. htm，2018－06－25.

② 谭晶纯．云南省与柬埔寨签署协议共建农业科技示范园［DB/OL］．http：//finance. sina. com. cn/roll/20120406/093311761470. shtml，2018－08－26.

③ 刘帅．云南农科院与柬埔寨国家农业科学院续签合作协议［DB/OL］．http：//www. 3456. tv/nky_ news/14077，2018－06025.

（2）热带病联合防治和防控

2013 年以来，云南省已经与老挝、缅甸、柬埔寨、越南、泰国建立了疟疾和登革热等重要虫媒传染病联防联控合作机制。截至 2017 年年底，项目已覆盖云南省边境 8 个州（市）和 19 个县。云南省还与老挝 8 个省、缅甸 2 个邦、越南 3 个省、柬埔寨 1 个省合作开展一系列疟疾和登革热联防联控关键技术研究工作，且每年要定期召开与上述国家间的协调会议和信息交流研讨会，开展澜湄区域卫生人员技术培训与高层次青年人才培养。此外，还与美国疾控中心、英国利物浦大学等机构建立合作，共同开展疟疾和登革热防控方面的联合研究。

2011—2017 年，云南省寄生虫病防治所共培训澜湄区域 5 国 100 余名省级卫生高级人才和 1000 余名监测哨点疟疾和登革热防治人员，派出 11 批次省级联合专家组对老挝、缅甸、柬埔寨的疟疾和登革热监测工作站进行技术帮扶、疫情处置等活动。同时，与老挝、缅甸、越南等国联合举办 6 次登革热疫情处置演练，提高了澜湄区域登革热应急处置能力。①

3. 科技人才的培养与交流

云南省农业科学院长期开展大湄公河次区域农业合作，在已有合作的基础上，2013 年 10 月，该院与柬埔寨农业研究和发展研究院组织成立“农业经济工作小组”，并与省内外相关研究院所、大学及涉农产品生产及进出口贸易企业成立了“云南农业走出去产业技术创新战略联盟”，共同整合资源，开展实质性的合作。

（三）滇柬科技合作需求分析

云南省与柬埔寨在食品加工业、太阳能与光伏发电以及电力系统完善等方面有较大合作空间和需求。

1. 食品加工业

柬埔寨食品加工业在国际市场上竞争力低下。柬埔寨目前尚未建立食

① 王潇雨. 全球健康治理——让更多国家远离热带病［N］. 健康报，2018－05－18.

品加工产业体系，现有食品加工企业规模也以小型企业为主。以粮食加工企业为例，大多数每小时产能不超过5吨。由于缺乏流动资金和储备仓容，许多柬埔寨企业不能实现连续生产，机器设备闲置问题严重。柬埔寨许多食品加工企业卫生条件差，不能达到HACCP认证标准，出口受到检验检疫壁垒的限制。

2011年，云南省海外投资有限公司（云南海投）与柬埔寨索玛（SO-MA）集团合作组建年产20万吨大米的合资公司，在柬埔寨加工大米销往中国等国际市场，柬埔寨出口中国的检验检疫壁垒已经消除，中国在柬埔寨已经有认证机构。

2016年8月，中柬两国商务部长在柬埔寨举行会谈，双方达成多项共识，其中有两大重要领域涉及食品加工业：一是中国将与相关部门磋商以向柬埔寨提供97%税目的产品给予零关税、免配额的待遇；二是中国将考虑增加从柬埔寨进口大米的配额，已在2017年增加至20万吨，同时鼓励更多的中国投资公司到柬埔寨投资食品加工业。不断优化的合作政策环境将促进更多的中国投资者到柬埔寨投资食品加工业，同时或将有更多柬埔寨食品出口到中国。

2. 太阳能与光伏发电

柬埔寨拥有十分充足的太阳能资源。亚洲开发银行的报告指出，柬埔寨的能源需求以每年20%的速度增长，在光伏产品、太阳能等领域有较大的市场需求，柬埔寨非常期待中国高新技术企业到柬埔寨发展，达成合作共赢。柬方非常支持现代农业、太阳能、光伏发电、先进机械设备等领域的项目落地柬埔寨。柬方政府不出售土地，企业可以签订长期（50年）租赁协议，享受更优惠的政策。柬方非常重视中国的技术和标准，希望双方以后能完善各种产品和技术标准，为企业进入柬埔寨奠定基础。在光伏产品和太阳能发电领域，云南省有技术优势与发展经验，可与柬埔寨在这个方面开展深入合作。

3. 电力系统的健全与发展

根据柬埔寨电力发展规划成果，未来电力需求增长将保持年均10%以上，电力需求增长空间潜力巨大。为了满足电力发展需求，计划2017—2030年新增202万千瓦的煤电，119.3万千瓦的水电，大约需要50亿美元资金进行电源建设，其中大部分水、火电项目尚未选定合作伙伴，有待洽谈合作。此外，柬政府制定政策大力支持新能源的发展，风电、光伏和生物质发电也具有广大的发展前景。柬埔寨预期在2020年将电网覆盖全国，基本实现全国农村电力化；计划2021—2030年发展国内500千伏电网，到2030年，实现70%的乡村家庭能用上电。预计2017—2030年大约需要24亿美元资金进行电网发展建设，因此，柬埔寨全国互联的输电网络建设势在必行，未来柬埔寨电力建设蕴藏着巨大的潜力。

柬埔寨电力产业面临资金不足的问题，国家财政预算拨款不足以满足电力基础设施建设的资金需求。现有的火电站、水电站以及输变电项目大部分由外资资助或投资，政府鼓励投资电力及能源基础设施，并且给以很多投资优惠政策。结合柬埔寨电力系统现状和宏观规划发展目标，柬埔寨电力投资建设潜力较大，在电源侧和电网侧均存在很大的发展和建设空间，电源侧的市场空间主要在水电、煤电等传统能源以及生物质、太阳能等可再生能源，电网侧的市场空间主要在于柬埔寨国内新建、扩建的变电站、输电线路以及国外电网互联等领域。云南省可利用在电站建设和电网建设方面的技术和经验，通过技术转移等模式，让云南企业更多参与到柬埔寨电力系统完善中。

四、进一步推动云南与柬埔寨开展科技合作的建议

（一）深化中国-东盟创新中心柬埔寨分中心建设

随着云南与柬埔寨的科技创新合作走向深入，相关部门和机构建立了广泛和深入的线上线下合作关系与渠道，围绕云南省八大重点产业以及绿色能源、绿色食品、健康生活“目的地”“三张牌”产业和数字经济建设，深化产学研深度融合的务实合作，深化中柬双边和区域“五通”沟通机

制，尤其是加强云南省自贸区对柬沿边合作示范和双边国家高新技术产业园区、农业示范园、科技园和工业园科技创新集成示范合作。

（二）加强农业领域合作

中柬系友好近邻，两国农业合作互补性强，有很大的发展空间。云南应抓住机遇，进一步完善支持政策，积极推动云南省企业赴柬在农业领域开展互利合作，实现共同发展。

1. 发挥云南主动性，推动中柬农业对外合作上升为国家战略层面

一是加强规划引导，申请从中柬国家层面得到支持，协助柬方编制农业对外合作规划体系，加强总体战略规划与地方规划、国别规划、产业规划的衔接，引导农业对外合作健康、有序、快速发展。二是推动两国政府加强政策协调与创设。如建议中央政府积极推动国内惠农政策境外延伸、优惠信贷、紧缺资源产品回运关税减免、出境农资快速通关等一系列财政、金融、外汇、税收、保险、检验检疫、进出口扶持优惠政策的设立，支持云南省农业企业“走出去”。三是向中央建议完善农业科技服务支撑，需要充分发挥农业对外合作部际联席会议机制对地方省区农业“走出去”的引领、协调与服务职能，健全农业对外合作信息采集、统计和共享制度，完善投资保护、海外预警、信息咨询等支撑服务体系。

2. 突出重点领域和重点项目带动

一是资源和市场为导向的产业战略。以提升柬埔寨粮食综合生产能力、提高区域粮食安全保障水平为目的，向中央申请政策，支持云南省优势种子企业、大型粮食企业建设境外品种示范基地、规模化粮食生产示范基地。为提升柬埔寨动物疫病防控能力和畜产品安全水平、缓解国内外牛羊肉紧缺，申请中央许可，由云南省推动加快与柬埔寨构建跨境动植物疫病联防联控体系，积极开展兽药疫苗、饲草料、畜产品加工等领域合作。

二是技术援助为先导的投资战略。在得到中央许可后，或以技术合作为突破口、投资为驱动、企业为主体、重点项目为抓手，探索“基础设施＋技术援助＋投资＋农业基地”合作模式。通过技术援助加强柬埔寨农业能力建

设，为大规模农业投资提供坚实技术基础；通过农业基础设施与大型农业项目投资捆绑模式，加强对购销、仓储、物流和港口等流通环节控制；培育扶持一批有实力的对外农业投资企业群体，鼓励通过企业联合、境外并购等形式，投资农业产业链关键环节，加强对农产品的定价权。

3. 发挥云南特色企业优势，推进滇柬农业合作

（1）推动在柬设立农业示范中心和生产基地

积极鼓励云南省有条件的农业企业赴柬设立农业示范中心和生产基地，利用云南省丰富的农业生产经验、现代农业科技水平和先进农用机械设备，带动当地农民在水稻和多种经济作物的种植上采用新技术，转变种植方式，提高产量，增加收入，推动滇柬农业合作的可持续发展。

（2）推动有实力的企业投资柬农产品加工领域

鉴于柬实际情况，云南省企业可在柬投资种植木薯、橡胶以及其他经济作物。积极推动有实力的企业到柬投资建设粮库、碾米厂以及其他农产品加工厂，实现双方农业合作互利共赢。

（3）帮助柬政府提高农产品检验检疫水平

柬缺乏必要的农产品检验检疫技术和设备，云南省可考虑帮助其建设农产品实验室、提供相关设备、开展检验检疫方面的人力资源培训，将昆明打造为中国面向东南亚农业技术输出枢纽。利用云南省农科院与东南亚国家现有合作基础及合作平台，以东南亚农业科技交流合作中心建设为起点，拓展口岸功能，在云南河口、磨憨、瑞丽以及柬埔寨、老挝、缅甸、泰国、越南分别建设一批农作物优良品种试验站和示范基地、监测站，集中展示云南及国内其他地区农作物优良品种及实用农业技术，开展试验示范和培训等相关工作，打造中国面向东南亚农业技术输出枢纽，支撑跨境农业产业经济带建设。

（4）组建农业“走出去”产业技术创新战略联盟

以大湄公河次区域农业科技合作组为基础和平台，强化企业与科研院所的合作，多元化、多层次、多渠道引导和推动云南乃至全国农业技术、良种、农资“走出去”和管理理念、标准的输出。同时为企业搭桥，促进

企业合作，增加贸易量，真正发挥科技先行、以科技促贸易的作用，从而提高云南乃至全国农业的国际竞争力和农业科技创新能力。

（三）加强太阳能光伏发电方面的合作

面对柬埔寨电力市场的广阔前景，云南企业应抓住战略机遇，主动对接柬埔寨商家，持续构建能源基础设施的互联互通，加快“走出去”步伐。

1. 完善区域跨境通道建设

通过区域电网的技术升级和改造，进一步完善东南亚跨境输电通道建设。同时，强化电力产业装备与服务的双边、多边协作，促进信息技术与智能微网的融合，构建先进的未来智能电网，为各种能源方式的合理调度与调配打下坚实的基础。

2. 进一步发挥互补优势，加强政策对接

云南电力能源企业在电力能源产业装备制造、规划、设计、建设、运营管理等方面具有很大优势，双方应发挥各自优势，加强政策对接，建立更加广泛而深入的合作关系，抓住“一带一路”发展契机，实现合作共赢。

3. 立足区位特点，强化支点作用

近年来，云南初步形成清洁低碳、安全高效的现代能源体系，充分发挥其国际通道、战略支点、重要门户区位优势，打造全国清洁能源示范区，推动形成“两通道三基地”能源发展新格局。

第九章　泰　国

一、科技发展概况

（一）科技发展基本情况

泰国位于中南半岛中部，是东盟国家中具有重要影响力的国家，科技基础较好，科技发展水平较高，在农业、生物技术、清洁能源等领域颇具特色。泰国科技创新体系分为四级：第一级为由总理任主席的国家研究与创新政策委员会是最高层级；第二级为科技部、财政部、工业部、农业部等部委级；第三级为科研资助机构，如泰国研究基金会、国际科技发展署等；第四级为实施层，包括各科研机构、大学等。泰国的公共研究机构发展较为成熟，研究和开发的投资主要来自公共资源，大部分的研究开发工作由公共研究机构和大学开展。此外，企业内的研究机构、皇室成立的研究机构以及科技园区也对科技发展发挥了积极作用。

为促进泰国产业转型升级，增强国家竞争力，泰国现政府抓住新一轮科技革命和产业变革时机，提出“泰国 4.0”发展战略，致力于通过创新和技术手段，让泰国走上靠创新型产业推动经济发展的道路。聚焦发展新一代汽车、智能电子、高端旅游与医疗旅游、现代农业与生物技术等重点产业的泰国也得到了国际上颇高的评价。泰国在《美国新闻和世界报道》上连续两年（2016 年和 2017 年）被评为“适宜创业的国家”，并且在“投资国家”排名中位列第八。随着“一带一路”中泰铁路建设和东部经济走廊 EEC 的推进，越来越多的投资者将目光投向泰国。2018 年，泰国

GDP总量达到5048亿美元，GDP增长达到4.8%，创下5年来最高水平，GDP总量位居全球前30名。东部经济走廊（Eastern Economic Corridor，简称EEC）是泰国政府以经济特区的发展模式大力推进的最大创新平台，规划区域包括泰国北柳、春武里和罗勇三府，连接印度洋、太平洋、柬埔寨、老挝、缅甸、越南和中国南部，其目标是打造“东盟最佳和最现代的经济特区”。EEC是推动泰国经济发展的新动能，也是泰国政府积极应对全球竞争力、调整实现泰国4.0发展目标所做的努力。

泰国作为具有一定的基础科学研究能力的东盟国家之一，在生物科学和电子信息技术领域显示了较强能力。泰国政府非常重视生物科技的研究与开发，近年来由政府组织实施的研究课题主要包括：农作物高产优质选育种研究与品种改良；食品加工废弃物利用研究；遗传工程研究与应用等。相继建立了一批专业研究机构开展相关课题的研究，主要研发机构包括：泰国国家科学研究院、国家遗传工程与生物技术研究中心、泰国橡胶研究所、果树科学研究所、玉米科学研究所、甘蔗与菠萝研究所、造林研究所、造林研究中心、水牛培育研究中心、皇家农业实验站、热带人工造雨研究所、国立内陆渔业研究所、海洋科学研究中心、国内沿海水产养殖研究所和海洋渔业研究试验所等。泰国至今仍缺乏行之有效的知识产权法，缺乏全面的新药和DNA新产品审批和登记条例及制度，这是泰国发展生物技术产品面临的主要障碍。

在电子信息技术领域，泰国政府制订了雄心勃勃的计划，提出了“电子泰国”的目标。为顺利实现这一目标，泰国政府建立了软件园并实施了“IT2010计划”，采取有效措施以加强电子信息科技人才的培养。

近年来，泰国科技人才逐步增加，2011年每百万人中有169名科研人员，2015年为243.3人。[①] 政府、高校、国企、私营机构全职研发人员共计8.96万人，提前一年达到了其“科技创新十年规划”的阶段性目标。

---

① 世界数据图册：泰国研发数据［DB/OL］. http://cn.knoema.com/atlas/%e6%b3%b0%e5%9b%bd/%e7%a0%94%e5%8f%91%e6%8a%80%e6%9c%af%e4%ba%ba%e5%91%98, 2018-11-26.

泰国科技人才的发展存在两个问题，一是人才培育与市场需求严重脱节，相关科技专业的毕业生不能满足相关科研机构的需求。另一个问题是科技人才分布不平衡现象十分突出，私营企业中科研人员的比例很小，仅有20%左右，与东盟其他国家相比也非常低。

根据英国 QS 公司发布的 2019 年全球大学排名，泰国共有 8 所学校入围前 1000 强，其中排名最高的为第 247 位的朱拉隆功大学；玛希隆大学排名第 314 名。泰国高校进步显著，学术实力和影响力也不断上升。

1. 科技投入

2013 年泰国科技投入约为 17 亿美元，仅占泰国 GDP 的 0.5%。这个比例远低于东南亚的新加坡（科技投入在 GDP 中占比 2.24%），比越南、菲律宾和印度尼西亚的科技投入略高。① 2015 年科技投入占 GDP 的 0.6%。② 泰国科研投入 50% 以上来自政府部门。泰国政府近年在提高政府科研投入的同时减少私营科技公司的税收，力争未来实现私营部门科研投入占到总投入的 55%。

2. 科技产出

（1）论文发表

在发表科技论文方面，泰国的实力比较强。截止到 2014 年，泰国学者发表的论文数量 80680 篇，引用数量 701014 篇，著者数 48757 篇，国际合著比例 37.4%。值得注意的是，泰国科研人员公开发表论文的国际合作率明显高于中国、日本、马来西亚和韩国。此外，泰国科技成果发表的影响力也高于马来西亚（用 h - index 指标衡量）。泰国科技工作者所承担的项目，近半数是与美国、日本、英国、澳大利亚和中国合作实施的。

---

① 辻野照久．泰国的科技技术形势，日本科学技术振兴会研究发展战略中心报告［DB/OL］. https：//www. jst. go. jp/crds/report/report10/TH20161130. html，2018 - 11 - 26.

② 世界银行，世界数据图册：泰国［DB/OL］. http：//cn. knoema. com/atlas/%e6% b3% b0% e5% 9b% bd/topics/% e7% a0% 94% e5% 8f% 91/% e7% a0% 94% e5% 8f% 91% e6% 94% af% e5% 87% ba/% e7% a0% 94% e5% 8f% 91% e6% 94% af% e5% 87% ba% e5% 8d% a0% e5% 9b% bd% e5% 86% 85% e7% 94% 9f% e4% ba% a7% e6% 80% bb% e5% 80% bc% e7% 9a% 84% e7% 99% be% e5% 88% 86% e6% af% 94，2018 - 11 - 26.

（2）专利

尽管在专利申请审查和专利保护方面相对滞后，但泰国已经建立了相对完善的知识产权体系。知识产权的申请者，大部分都是非泰国籍常住居民。专利申请者中，非泰国籍常住人员的比例超过了 90%。① 泰国公共研究机构和大学在专利授予中所占比例比较小。② 其实用新型、商标和工业设计专利多半是由泰国当地居民获得。2012 年近 95% 的实用新型专利者是泰国人。这是未来泰国科技能力发展方向之一。

2008—2016 年泰国专利申请数量

年份	泰国常住人员申请专利数（项）	泰国暂居人口专利申请数（项）	合计（项）
2008	902	5839	6741
2009	1025	4832	5857
2010	1214	723	1937
2011	927	2997	3924
2012	1020	5726	6746
2013	1572	5832	7404
2014	1006	6924	7930
2015	1029	7138	8167
2016	1098	6722	7820

数据来源：世界数据图册：泰国暂住人员专利申请，1960—2017 - knoema. com [DB/OL]. https：//cn. knoema. com/atlas/% e6% b3% b0% e5% 9b% bd/topics/% e7% a0% 94% e5% 8f% 91/% e4% b8% 93% e5% 88% a9% e7% 94% b3% e8% af% b7% e4% b9% a6/% e6% 9a% 82% e4% bd% 8f% e4% ba% ba% e5% 91% 98% e4% b8% 93% e5% 88% a9% e7% 94% b3% e8% af% b7，2018 - 11 - 19.

---

① 辻野照久. 泰国的科技技术形势，日本科学技术振兴会研究发展战略中心报告 [DB/OL]. https：//www. jst. go. jp/crds/report/report10/TH20161130. html，2018 - 11 - 26.

② 基于泰国国家科技政策办公室发布的数据和 UNESCO 的统计数据得出。

（3）高科技出口

过去20年泰国的高科技产品出口增长明显。出口的高－中技术密集型科技产品，在制造业出口中占40%左右。这些出口产品集中在汽车和电子产品工业等领域。

2010—2016年泰国高科技出口额以及在制造业中占比

年份	高科技出口额（单位：美元）	在制造业出口中所占比（%）
2010	34156221484	24
2011	33264733346	20.7
2012	33767674064	20.5
2013	33901233425	20.1
2014	34992376969	20.4
2015	34543515383	21.4
2016	34720646340	21.5

数据来源：世界数据图册：泰国研发高科技出口数额［DB/OL］. http：//cn. knoema. com/atlas/% e6% b3% b0% e5% 9b% bd/topics/% e7% a0% 94% e5% 8f% 91/% e7% a0% 94% e5% 8f% 91% e6% 94% af% e5% 87% ba/% e9% ab% 98% e7% a7% 91% e6% 8a% 80% e5% 87% ba% e5% 8f% a3，2018－11－19.

（二）科技发展战略与政策

泰国科技政策制定者主要是科技部（Ministry of Science and Technology，简称MOST）。此外，泰国的产业部、教育部、卫生部、农业合作部、信息通信部等部门都与泰国的科技发展和政策制定相关。为了提高科技与创新能力，近年来泰国出台了系列科技发展规划。国家经济社会发展五年规划有很多方面涉及科技发展计划。此外，国家科学技术政策委员会（National Science and Technology Policy Commitlee，简称NSTC），向相关科技部门提出政策建议，起草并实施了《国家科学技术战略计划2004—2013》。2012年泰国出台了《国家科技创新总体规划2012—2021》。

1. 国家科学技术战略计划2004—2013

2004年，泰国开始实施《国家科学技术战略计划2004—2013》，将

“信息通信技术”“材料技术”“生物技术”和“纳米技术”作为重点科技发展领域，并为这4个领域分别制订了科技发展战略计划。

2. 国家科技与创新法

《国家科技与创新法》是泰国科技创新基本法，把科技与创新作为驱动力，明确了国家科技创新发展方向，从人才资源开发、促进技术转移、知识产权保护等方面着力，大力提升国家科技创新能力。根据该法，在科技部内部成立了国家科学技术和创新政策部，推进科技创新产业的发展。

3. 国家研究政策和战略（2008—2010）

2007年，泰国国家研究评议委员会制定了《国家研究政策和战略（2008—2010）》，主要内容是提高研究预算和科技投入在GDP中的占比，提高民间部门的科研投入，增加研究人才数量等。此外，将社会科学纳入科技发展范畴。

4. 国家科技与创新十年规划（2012—2021）

2012年，以《国家科技与创新法》为依据，根据国家经济与社会发展规划设定的目标，国家科技创新政策办公室制定了《国家科技与创新十年规划（2012—2021）》，内阁批准实施，这是泰政府目前正在实施的科技创新总体规划。规划实施目标是建立泰国的科技创新体系，实现公立科研机构间科技创新政策的统一；同时加强民间机构、学界和公立研究机构之间的合作。该计划还提出了泰国社会与科技发展的终极目标，即实现泰国经济社会发展与泰国科技发展相平衡，并使科技对泰国社会发展发挥重大推动作用。规划提出了提高基于职业导向型的科技技能培育能力、加强产学研合作、构建更加完善的人才发展环境等人力资本发展计划以及加强科技创新、加强区域经济与科技合作、改善能源利用方式、发展环境友好型产业等科技创新政策。①

---

① UNCTAD MULTI - YEAR EXPERT MEETING ，2014年3月19—21日举行，根据STI HP［DB/OL］. http：//www. sti. or. th/policy. phy? content_ type = 9&data = 1.

（三）科技管理部门、科研机构、研发型大学、高科技企业

1. 科技管理部门

（1）科学技术部

2002 年，泰国科学技术环境部拆分为科技部、自然资源与环境部和能源部三个部门。科学技术部受内阁直接管理，负责执行内阁下达的文件和相关指令。科技部与产业部、教育部、卫生部、农业合作部和情报通信部都属于同层级机构。科学技术部所辖机构包括：属于政府机构的核能部，独立机构——国家科学技术和创新政策办公室，国家科学技术发展局，国有企业——泰国核科学技术研究所，政府研究机构——地理情报所、航天技术部、泰国核技术研究所、同步光研究所、国家创新部以及生命科学研究所。以上部门都有权限独立开展研究。

（2）国家研究与创新政策委员会

国家研究与创新政策委员会是 2016 年 10 月在整合原国家科技与创新政策委员会、原国家创新体系发展委员会和原国家研究理事会职能基础上新成立的泰国最高科技创新政策决策机构。由泰总理任主席，副总理任副主席，成员包括 19 位相关部委部长以及相关科研机构、高校、企业代表等。国家研究与创新政策委员会统筹负责国家科技创新发展战略、路线图和政策的制定，还具有年度科研预算决定权。

（3）国家经济社会发展委员会

国家经济社会发展委员会（简称 NESDB），负责制订国家社会经济发展五年计划。这个机构依据可持续发展、公民参与和应对气候变化等原则，将公民、地方和中央政府需求综合后，制订国家经济和社会发展计划。国家经济社会发展委员会与国家科学技术与创新政策委员会属于同级机构，都向内阁负责，向内阁提出关于经济社会发展的相关政策与建议。

（4）泰国研究基金

泰国研究基金（简称 TRF）基于 1992 年出台的研究基金法于 1993 年

设立。这个机构不属于任何一个国家部门，也不隶属于科技部门，直接对总理和总理府负责，受总理和总理府领导，能够高效提供研究资助，促进相关机构的科研发展。

（5）国家科学技术和创新政策办公室

国家科学技术和创新政策办公室（简称 STI）是依据 2008 年 12 月出台的国家科学技术与创新法，为了辅助政府科学技术与创新政策立法、调整以及实施而成立的独立机构，遵循国家科学技术与创新政策委员会的政策方针开展工作，属于科技部的下属机构，是监督国家科技发展计划实施的责任机构，与国际科学技术发展局、核能局以及泰国科学技术研究所等研究机构属于同层级机构。

2. 国立研究机构

（1）国家科学技术发展机构

国家科学技术发展机构成立于 1991 年，隶属于科技部，下设金属材料、遗传基因与生命工学、纳米和电子与电脑技术 4 个研究中心。国家科学技术发展机构不仅是科研机构，同时也是政策制定和项目资助机构，肩负着推进技术转移、人才培养、科技基础设施完善和产学合作、增强泰国科技竞争力等职责。

（2）国家遗传工程学和生物技术中心

国家遗传工程学和生物技术中心 1991 年设立，在开展研究工作的同时，还向其他研究机构提供研究资金，主要研究方向是虾和大米的生物技术研发、针对新疾病的天然药物开发。

（3）国家金属材料技术中心

国家金属材料技术中心成立于 1991 年 12 月，主要根据《国家材料技术战略规划》制定材料技术领域科技发展规划，并依据泰国发展需要进行调整，促进泰国制造业和国家科技发展。研究领域有材料制造技术、制造设计与制造发展、再生能源以及将这些材料应用于医疗和农业方面。此外，还向国立和私立两种研究机构提供研究资助。

（4）国家纳米技术中心

国家纳米技术中心，旨在推进泰国纳米技术发展与制造技术的应用。主要工作任务包括推进产学研合作、推进纳米技术研究、促进科研基础设施的完善和制订国家纳米技术发展计划等。同时，机构自身也开展科研，并向自己的下属机构和其他机构提供研究经费。

（5）国家电子与电脑技术中心

国家电子与电脑技术中心于 1992 年成立，旨在推进泰国电子、电脑、电子通信、情报分析领域的科研，为与电子和电脑相关的大型研发项目提供研究资金。

（6）泰国科学技术研究所

泰国科学技术研究所于 1963 年成立，是泰国最早的政府科技研究所，现在是科技部下属的事业单位。它拥有自己的科研设备，主要致力于科技的应用，与泰国企业的合作较多。研究领域集中在食品、健康产业、医疗企业、替代能源和环境保护。

（7）生命科学研究所

生命科学研究所是泰国生命科学研究的核心机构，隶属于科技部，其主要职能是：为泰国的生命科学研究和产业发展提供帮助；为产品和服务商业化提供创新研究成果支撑；对生命科学研发基础设施建设和人力资源培养提供资助；制订发展计划；构建泰国生命科学研究和产业发展平台，推动泰国研究机构与国外企业合作；建成生命科学研究和产业两个领域的信息和情报共享平台。

3. 研究型大学

泰国共有 80 所公立大学，约 80 所私立大学。其中，朱拉隆功大学、玛希隆大学、国立法政大学、农业大学、清迈大学、宋卡王子大学等 9 所大学被列为国家级研究型大学。

（1）朱拉隆功大学

朱拉隆功大学是泰国国内排名第一的综合性研究型大学。大学拥有 19 个学院、2 个研究生学校、1 个分校、10 个研究所、2 个教育中心和 3 个附属学校。学校的10个研究所分别是亚洲研究所、生物技术和遗传工程研究所、健康研究所、环境研究所、商业管理研究所、人口研究所、社会研究所、冶金和材料科学研究所、语言研究所、普通教育研究所。此外，还有一所石油和石油化学学校以及学术开发中心、计算机服务中心和科学技术研究设备中心。朱拉隆功大学在很多方面被视作泰国高等教育的先驱，常常指引着国家高等教育的发展方向及某些特殊专业的发展方向。与日本东京大学、京都大学等高校有合作关系。

（2）玛希隆大学

玛希隆大学是一所侧重医学和生物技术的综合性研究型大学。其医学系、教育系以及研究方面在泰国大学中排名第一。现有16个系（其中自然科学类有工学、环境资源、医学工程学、医学、药学、公共卫生、科学与热带医学）和多个研究所（如分子生物学和遗传学）。玛希隆大学是泰国大学中得到政府资助最多的大学，与40个国家的超过270所大学有合作关系。

（3）清迈大学

清迈大学是泰国北部最早设立的大学。设有农业、农业产业、工程医学、工学、医学、药学、理学、兽医学等20个系以及农业示范基地，也有多个独立研究中心和机构。与全球上百所大学建立了合作关系。

（4）国立法政大学

国立法政大学是一所有影响力的综合性研究型大学，有4个校区，理工医类设置医学、工程、科技、创新、交叉学科，还专门设立了诗琳通公主国际技术学院。

（5）农业大学

农业大学是一所综合性研究型大学，设有经济作物、土壤、农业、林学、天然资源、环境、渔业技术、动物、计算机电子技术、工程与工业开发、金属与材料、基础科学、经济、商业管理、社会与人文、艺术文化、农村发展、教育发展和技术转移等学院。此外还设立了大学研究与发展研究所、安达曼海岸研究与发展站、达叻农业技术研究与培训站、纳米技术研究中心、植物遗传多样性中心。

4. 私营公司的科技创新

（1）私营公司的科技创新现状

泰国大部分小型公司缺乏科技创新，都需要或者依赖外国技术或者已有的工业产品，仅有很少数量的公司会从事较为复杂的科技创新。大部分公司的科技创新集中在制造业，比如化工、电力、食品、橡胶、机器制造。内部科技创新大部分都集中在产品创新方面。

泰国私企对高精尖技术信息的采集更多依赖网络，创新方面首选的合作伙伴是市场参与者，如公司的客户、供应商、专利公司或者合作公司，其次才是大学、公共研究机构、专业工业协会等。小型公司倾向于与竞争对手、当地供给商或者专业工业协会合作，较少选择大学。根据相关数据可知，仅有1/3的公司与大学或者公共研究机构合作。

（2）主要研发型企业

①泰国石油公司

泰国石油公司是大型国有企业，重视科技研发，设立了研究与技术研究所（简称RTI）。RTI一期占地29.6公顷，下设若干研究中心和实验室，美国西亚研究所（SwRI）为其设计了发动机测试实验室大楼，法国Beicip－Franlab为其设计了化学实验室。泰国石油公司自己建有生物－氢化柴油试验厂、氢处理试验厂、燃料与润滑实验室大楼、分析实验室大楼、过程与化工实验室大楼、环境实验室大楼、发动机测试实验室大楼等。目前，泰国石油公司已成为具备最先进技术和设备最齐全的地区研发组织。RTI广泛开展新技术、石油与石化产品、可替代能源、产品应用及其环境影响的研究和咨询服务。RTI二期占地46.6公顷，建设了新的创新园、可再生作物试验农场、Gio地心样品科学实验室、先进发动机实验室、公司灾害恢复信息通信技术中心。公司正在开展生物塑料研发和生产。

②暹罗水泥集团

暹罗水泥集团是一家大型跨国企业，集团旗下主要有5项核心业务：化工、造纸、水泥、建材以及贸易。下属企业超过百余家，职工28000人。2011年，集团研发投入11亿泰铢开发高附加值产品和服务。现有研发人员932名。

③正大集团研发机构

正大集团是跨国集团企业，共有职工28万余人，在15个国家有投资项目，主营农业、工业与食品、零售和电信。该集团农业技术研发包括禽类育种和养殖、水产育种和养殖、猪育种和养殖、饲料及添加剂研发。

（3）其他研究机构

朱拉蓬研究所是1987年庆祝泰国国王普密蓬·阿杜德60周岁生日时，朱拉蓬公主为实施国王提出的科研项目而成立的。朱拉蓬公主任研究所所长。研究所主要开展化学研究、生物医学研究、环境毒性研究、生物技术研究等，下设9个实验室：天然产物、药用化学、有机合成、生物化学、化学致癌、免疫、药理、环境毒性研究、生物技术实验室。

5. 科技园区

泰国科技园成立于2002年，位于曼谷北部郊区，由国家科学技术发展机构（NSTDA）下属的国家技术中心负责建设和管理，分三期建设，目前已有近200家企业的1500名研发和工程技术人员入驻。NSTDA总部和下属4个研究中心以及泰国科学院会议中心均在此办公。园区向入驻企业提供NSTDA的实验室测试和分析、联合研究、技术信息、技术认定、研发资助、软贷款申请、合资、商业和技术培训、专家信息库、知识产权、商业对接、外国专家签证和工作许可等多种服务。入园企业可享受税收减免优惠。泰国科技园还针对园内泰资控股的中小企业通过工业技术支持计划（ITAP）和公司导向技术发展计划提供服务。

除泰国科技园外，泰国在北部、东南部、南部各自建立了三个大学科技园。其中由清迈大学牵头的科技园（STeP）成立于2012年，重点研究领域为农业和食品加工、软件和数字技术、医药卫生和生物技术；由东南部孔敬大学牵头的科技园重点领域为农业和食品加工、硬盘、企业软件、嵌入式软件、矿业和替代能源；南部宋卡王子大学牵头的科学园（PSUSP）重点领域为食品和农业、草药和化妆品。

泰国地理信息与空间技术发展署（GISTDA）于2012年开始建设空间创新园，主要内容包括：地理信息研究和培训中心、Thaichote卫星运行中心、空间技术实验室中心、空间技术园、地理信息系统和空间技术博物馆，提供研发、技术和信息、人力资源开发、商务服务。入园企业享受免税待遇。

泰国软件园位于曼谷以北的暖武里府 Pakkred 市，由国家科技发展署（NSTDA）开发建设。软件园提供市场渠道拓展、投融资、咨询、商业对接、支持其他行业部门的软件应用、提升技术能力、技术转移、培训、会展、推动国际合作等多种服务，目前已有 60 多家企业入驻，涉及制造业、农业、服务业等多个行业部门的软件开发与服务。

二、对外科技合作概况

（一）与发达国家的科技合作

在与发达国家的科技合作中，泰国与日本的科技合作最为频繁和紧密，其次是美国和韩国。2000 年以来，与瑞士、瑞典、德国、法国的合作项目也逐步增多。

1. 与日本的科技合作

日本和泰国建立了紧密的双边关系，两国高层互访密集。日本是泰国最大的援助国，与泰国有着密切的经济联系。根据 2014 年 4 月的统计数据，目前共有 1552 家日本公司在泰国投资。泰国和日本政府签署了政府间科学技术合作协定，两国在汽车、能源、气象、遥感卫星、农业、生物、卫生、信息技术等领域都有广泛的科技合作项目。日本与泰国开展科技合作的部门主要是日本学术振兴会，主要科技合作项目是日本可持续发展科技伙伴研究项目和东亚联合研究项目。日本国际协力事业团（JICA）、日本科技振兴事业团（JST）、日本学术振兴会（JSPS）等是日本对泰科技合作的主要资助机构。近年来，日本调整了对泰技术援助重点，将食品安全、环境、健康等作为重点合作领域，并强化了人员培训工作。2018 年，泰日达成一项联合协议，成立一个机器人专家发展联盟，目标是在 3 年内培养至少 1400 名该领域的技术人员。

2. 与美国的科技合作

泰国和美国一直致力于加强双边合作，以促进双边和地区的科学知识和技术创新。目前双方在全球健康、气候变化和环境领域展开合作。具体涉及的课题有生物多样性的保护、清洁能源的发展和水资源的管理等。2013 年美国政府和泰国政府签署了关于加强科技合作的协定，在这些协定下开展了系列科技合作。2016 年 3 月，举行了泰美科技部长首次对话会议。

3. 与英国的科技合作

近年来泰国与英国的科技合作项目主要是，由泰国国家科技发展署（NSTDA）与英国高级委员会和新加坡三方合作实施的“增加双方合作研究的项目”以及在泰英合作谅解备忘录下，由泰国 NSTDA 和英国 KENT 大学实施的培训项目。

4. 与韩国的科技合作

2000 年以来，泰国与韩国的科技合作项目主要有三个：一是由泰国科技部实施的“与韩国数字机遇与提升机构和韩国国家电力和计算机技术中心的国际合作和项目交换协定”；二是泰国科技部实施的“人造卫星工程和地球与卫星观测系统的短期项目”；三是 NSTDA 与韩国生命科学与生物技术研究机构签署了合作谅解备忘录。

（二）与发展中国家的合作

在发展中国家中，泰国与印度科技合作项目相对较多。2000 年以来，泰国与印度开展的科技合作项目主要有三个：一是泰国科技部实施的“泰国和印度科技部科学技术合作项目”；二是泰国科技部与印度科技部签署了为期 6 年的“环境科技合作和技术转移协定”；三是泰国 NSTDA 与印度能源和资源机构合作实施的“太阳能空调系统研发”项目。泰国与不丹开始了科技合作，泰国的国家科技发展署与不丹皇家政府信息与交流部签署了科技合作备忘录。备忘录没有终止时间，主要用于开展不丹的电力、电脑、信息技术的发展与研究。2005 年，泰国还与印度尼西亚的阿特马·贾耶大学签署了为期6年的科技合作备忘录，主要开展培训。

（三）与国际组织的合作

国际组织方面，泰国国家科技署与东盟有合作项目。此外，国际组织通过泰国国家科技署对泰国科技发展予以支持。2000年以来，与东盟的科技合作项目主要包括由泰国科技部与东盟实施的不同环境信息图像处理研究以及由泰国国家科技发展署实施的东盟－东南亚欧盟交流网络项目和东盟虚拟科技部门发展项目。

三、与中国（云南）科技合作现状

（一）与中国科技合作概况

泰国是“一带一路”沿线重要国家，在东盟经济体中扮演“创新中枢”的关键角色。当前，中泰两国政治互信不断增强，经贸合作成果显著，人文科技交流日益深入，中泰全面战略合作伙伴关系保持稳定快速发展。

1. 基本情况

中泰1975年建交，1978年两国签署政府间科技合作协定并建立了政府间科技合作联委会，中国科技部与泰国科技部为该协定的实施部门。40多年来，双方已成功召开了22次联委会会议，共商定了900多个科技合作项目，合作领域涉及农业、林业、机械、电子、生物、遥感、化工、地矿、天文、气象、地震、计量、水利、新能源、传统医药、卫星通信、交通运输、信息技术、轻工纺织、科技管理、城市规划、教育培训、野生动物保护等。

2012年，中国－东盟自由贸易区以及“一带一路”倡议的相继建立和提出，又为中泰两国的经济交流提供了新的机遇和空间，双方合作的广度和深度不断拓展。2013年10月李克强总理访问泰国期间，两国科技部签署了《中泰科技部关于开展4个合作项目的协议》，正式启动中泰高铁联合研究中心、遥感卫星数据共享与服务平台、中泰技术转移中心、中泰青年科学家交流4个重点项目的合作。2016年，中国科学院和泰国科技部续签了科技合作备忘录。2017年，中科院在曼谷设立的东盟创新中心正式投入运行，促进了重大技术转移项目在东盟落地。

2019年9月，习近平主席签署主席令，在中华人民共和国成立70周年大庆前夕，授予泰国诗琳通公主中华人民共和国“友谊勋章”，体现了中泰两国人民之间深厚的友谊。同年11月，李克强总理在曼谷与总理巴育举行会谈，推动中泰全面战略合作伙伴关系不断深入发展。

2. 主要合作领域

（1）农业

中国农业部同泰国农业与合作社部签署合作备忘录，建立了中泰农业联合会工作组机制，在农业科技、农产品质量与标准、农产品开发及贸易、农村发展等方面开展了广泛的合作。

（2）信息技术

华为公司和阿里巴巴在泰国颇受欢迎。阿里巴巴在电商发展、电商人才培训、智慧农村建设、物流和供应链系统等众多领域已经与泰国方面开展了合作。华为公司也在泰国曼谷设立实验室，为“数字泰国”战略提供支撑。华为还将在东部经济走廊开发区（EEC）开设华为ICT学院，旨在打造面向东盟的数字化人才中心。我国具有知识产权的办公软件——泰文版金山WPS办公软件也于2017年5月成功落地泰国。

（3）智慧城市建设

中国明确表示支持东盟智慧城市网络建设，泰国有3个城市参与其中。同时，中泰还以三方合作的形式开启了新的发展图景，如江苏嘉睿城建设管理有限公司与泰国安美德公司和横滨都市技术公司已就共同推进泰国安美德工业区的城市智能化项目签署了协议。

（4）能源

2017年3月，中国能源局和泰国能源部签署了两国政府和平利用核能协定，为中泰核电领域合作奠定了基础。此外，中广核集团与泰国国家电力公司（EGAT）长期合作，培养泰国核电基础。

（5）生物技术

华大基因公司已经在泰国建立了基因监测、生物信息等技术平台，与泰国著名的诗丽拉医院、医学院建立战略合作伙伴关系。泰国正大集团与位于青岛的生物科技创新园达成合作协议，建立由正大集团诊断检测实验室和动物产品安全实验室共同构成的正大中国中央实验室。

（6）基础设施建设

首段全长 253 千米，项目总造价约 358 亿元人民币的曼谷—呵叻泰中高铁项目全部采用中国铁路技术标准设计建造，这是中国技术和工程结合“出海”泰国的重要一步。与此同时，中国中车与泰国国家科技发展署、泰国国家科技研究院共同建设的中泰铁路系统联合研究中心，重点围绕轨道交通技术，已累计为泰方培训了 100 余人次的泰国铁路工程技术专家，极大提升了泰国铁路技术水平。

（7）卫星遥感地面技术

“北斗”CORS 示范站 2013 年 12 月初在位于泰国春武里府的 SKP 创新产业园建成。以“北斗”卫星遥感技术为基础的灾害预测系统主要服务于泰国农业灾害预警，此外还辐射其他多个领域。在以泰国为主的东南亚地区，“北斗”的服务性能和定位精度具有明显优势，这为“北斗”卫星遥感技术在泰国各行业应用的推广和相关产业发展提供了良好技术基础和前景保障。未来泰国全境将建设 200 个同样的基站，服务于农业、电力、交通运输、海上运输等多个领域。

（8）水资源领域

2018 年 10 月，中泰两国在曼谷签署中泰澜湄合作专项基金水资源项目合作协议。水资源合作是澜湄合作五大优先领域之一。中方已连续 16 年通过湄公河委员会主动向泰国、柬埔寨、老挝和越南提供澜沧江汛期水文信息，中方在澜沧江修建的梯级水电站“调峰补枯”作用明显，使湄公河水文状况在全球气候急剧变化、极端天气频发背景下转趋稳定。中方表示将继续同包括泰国在内的湄公河国家一道，在澜湄合作框架下加强水资源领域务实合作，更好惠及沿岸民众福祉，推动合作再上新台阶。

3. 主要合作机制与平台

（1）中国科技部与泰国科技部合作联委会

根据2013年10月中泰科技部签署的关于开展4个项目合作的谅解备忘录，两国科技部成立联委会。联委会是中泰两国科技合作的高级别机制性会议。2014—2017年，联委会共召开3次会议，就共建高铁联合研究中心、共建中泰技术转移中心、加强科学家交流、加大技术转移合作、科技创新政策合作以及建设“中泰铁路系统联合研究中心”、联合培养人才等达成诸多共识。[①]

（2）中国科学院曼谷创新合作中心

2017年12月，中国科学院曼谷创新合作中心（以下简称曼谷中心）在泰国曼谷正式宣告成立。曼谷中心是中科院在海外设立的以创新和技术转移为主要方向的高科技合作平台，也是中国面向东南亚国家的首个创新合作中心。曼谷中心的成立，将使泰国共享中国高科技创新成果，为泰国经济创新发展和科技人才培养提供有力的支撑。

2018年9月，曼谷中心与中国－东盟技术转移中心、泰国国家科技发展署共同签署了关于推进中泰科技创新合作的谅解备忘录。同时，由曼谷中心依托单位中国科学院上海高等研究院与东盟中心依托单位广西东盟技术转移中心共同申报的“中泰技术转移孵化创新平台建设项目”（广西创新驱动发展专项）获批立项。该合作的实施将整合曼谷中心和东盟中心双方的科技资源、地方区位资源优势和发展特色，推进中泰两国及东盟的科技创新合作。双方深度融合东盟国家开展技术转移中心和协作网络建设，

① 中泰科技合作联委会第二次会议召开［DB/OL］. http：//www. most. gov. cn/kjbgz/201503/t20150324_ 118696. htm，2018－11－09.

打造中泰技术转移孵化创新基地。①

4. 主要合作方式

中泰两国通过共建联合实验室、联合研发、共建技术转移中心和人才培养与交流，深入开展科技合作。

（1）共建联合实验室

目前中泰两国已经在海洋领域、高铁建设领域和微生物领域共建了实验室。

①中泰气候与海洋生态联合实验室

2013 年 6 月，我国与泰国在海洋领域的第一个联合研究实体——中泰气候与海洋生态联合实验室在泰国普吉正式挂牌启用。联合实验室旨在促进中泰两国在海洋科技领域的合作研究，探讨海洋在气候变化中的作用和气候对海洋的影响，服务于海洋生态系统保护和海洋资源可持续利用，提高两国海洋科研人员的能力与水平。中泰气候与海洋生态联合实验室位于泰国普吉海洋生态研究中心，建有海洋自动气象站、波浪和水文观测浮标等，将开展泰国周边海洋环境和气候变化的观测预报、珊瑚礁和濒危生物监测，为海啸、海平面变化等海洋灾害和海洋生态系统保护提供快速预测和预警服务。同时，也为中泰两国乃至地区海洋环境观测预报、防灾减灾和应对气候变化研究预测提供重要合作平台和科技信息服务。②

②中泰铁路系统联合研究中心

“中泰铁路系统联合研究中心”成立于 2014 年 11 月，是为落实“中国－东盟科技伙伴计划”，在两国科技部主导下，由中国中车与泰国国家科技发展署、泰国国家科技研究院共同建设。该中心创建始于 2013 年 10

---

① 中国科学院曼谷创新合作中心、中国－东盟技术转移中心和泰国国家科技发展署（NSTDA）三方签署谅解备忘录推动中－泰科技创新成果转移转化合作［DB/OL］. http://www.sari.cas.cn/xwzx/zhxw/201809/t20180928_5109301.html，2018－09－28.

② 中国政府网. 中泰气候与海洋生态联合实验室在泰国正式启用［DB/OL］. http://www.gov.cn/gzdt/2013－06/07/content_2421963.htm，2018－11－09.

月李克强总理访泰期间，两国政府签署的《中国科技部和泰国科技部关于推进四个具体合作项目的协议》。此后，中泰高铁联合研究中心（2015 年更名为“中泰铁路系统联合研究中心”）成为协议的重点推进项目之一。该中心是中泰两国科技创新合作的重点工作。

③中泰微生物技术联合实验室

2017 年 12 月，中国科学院微生物研究所与泰国国家遗传工程与生物技术中心（BIOTEC）和泰国科技研究所（TISTR）在中国科学院曼谷创新合作中心的揭牌仪式上共同签署三方合作谅解备忘录，共建中泰微生物技术联合实验室，标志着中国与泰国在微生物技术转移转化以及人员培养方面的合作上升到一个新的高度。

（2）联合研发

中泰遥感卫星数据共享与应用平台终端建设属于中国 - 东盟遥感卫星数据共享服务平台建设的一部分。平台包含北京数据中心、新加坡接收站、数据共享服务三个部分，分别完成数据处理和归档、数据接收、数据服务三大功能。数据服务终端是平台实现向东盟地区提供遥感数据服务的重要组成部分，共包括数据获取、数据处理、数据应用和数据管理四大功能。2014 年 8 月，泰国地理信息空间技术局已经开始将终端应用于泰国东南地区的洪灾监测应用中。

（3）技术转移

在第二届中国 - 东盟技术转移与创新合作大会上，中泰双方正式签署“共建中国 - 泰国技术转移中心合作意向书”，2015 年 11 月，中国 - 泰国技术转移中心在泰国曼谷正式揭牌；同期召开中国 - 泰国技术转移中心2015—2016 年工作会。这是中国与东盟国家共建的第一个双边技术转移中心。

（4）人才培养与交流

据 2013 年 10 月签署的《中国科技部和泰国科技部关于推进四个具体合作项目的协议》，中国科学技术交流中心（CSTEC）和泰国科学技术创新办公室（STI）作为杰出青年科学家交流计划的两国实施机构，圆满完成中方接收5名泰国青年科学家来华工作学习的交流任务。[①]

（二）与云南的科技合作

1. 合作方式

云南与泰国之间的科技合作形式，涉及人才培养、共建实验室等形式。其中，在人才培养方面所开展的项目最为丰富。

（1）联合人才培养

大部分人才培养计划在“中国－东盟科技伙伴计划”和我国援外项目的框架下开展。此外还有云南省相关机构实施的培养计划。

①输出人才

2012年8月“中国－东盟科技伙伴计划”正式启动。为了履行中国政府作出的郑重承诺，遵照外交部意见，科技部与云南省人民政府共同推动与东盟国家共建联合实验室、建立中国－东盟技术转移中心、中国－东盟科技合作产业园、启动国际科技特派员等工作，已经向泰国派遣了多名国际科技特派员。

②培训科技人才

在“中国－东盟科技伙伴计划”框架下，云南省高校承担了科技部国际合作司2016年度发展中国家技术培训班项目计划的任务，如云南农业大学2016年7月成功举办了东盟国家主要农作物病虫害综合防治技术国际培训班。其他与泰国相关的援外专业技术培训活动有：由云南师范大学太阳能研究所承办的“热带、亚热带地区新型太阳能应用技术国际培训班”，由云南省地质矿产勘查局信息中心承办的“数字地质调查系统国际培训班”，由云南省科学技术情报研究院、中国－东盟教育培训中心承办的“新能源与可再生能源应用技术国际培训班”，由云南省科技厅主办、云南省农村科技服务中心承办的“面向东南亚南亚石斛栽培技术国际培训班”，

① 中泰青年科学家交流计划工作组第二次会议在泰国召开［DB/OL］. http：//www. most. gov. cn/kjbgz/201503/t20150327_ 118806. htm，2018－11－10.

由云南省科技厅主办、云南农业大学承办的“优质马铃薯种植及种薯生产技术国际培训班”等。

③人员交流

2008 年，中国科技部与云南省人民政府部省会商确定在云南省设立“中国 - 东盟科技论坛”，并于 2009 年在昆明正式成立。该论坛由科技部国际合作司、东盟秘书处、云南省科技厅共同主办，云南省科学技术情报研究院承办。“中国 - 东盟科技论坛”成立以来，先后成功举办了 14 次国际会议、论坛和培训班。

应泰国科技部邀请，受中国科技部委托，云南省科技厅从 2011 年起，连续 3 年组织 127 家单位的 228 个项目参加泰国科技展暨合作对接会，内容涉及农业、生物医药、节能环保、新能源、畜牧、电子、机电装备制造、天文、科普基地建设等方面，推动了云南省太阳能研究所、云南一通太阳能公司、云南舜喜干细胞公司等云南知名高校研究机构和明星企业与泰国科学技术研究院、泰国高新区生物技术研究中心等务实合作。泰国国家科学技术研究院、云南师范大学、云南省科技交流中心等单位共同开展实地调研和论证，落实了两个太阳能光伏水泵示范基地选址及初步规划设计，将建设 25W - 5.5kW 光伏水泵示范工程。据统计，中国（云南省）展区在 3 年参展期间的参观人数达 230 万人次。每届展览会期间，泰国诗琳通公主、泰国科技部长和泰国政府其他部门的相关人员均莅临中国（云南省）展区参观。诗琳通公主对中国的技术和产品给予了高度评价。云南省科技交流中心和泰国国家科学博物馆签署合作谅解备忘录，重点促进云南与泰国科普基地专家和青少年开展双向科普交流活动和科普合作计划。

（2）共建实验室

2013 年 3 月，云南省应用技术研究院与泰国能源部签订合作协议，正式推动“中国（云南） - 泰国可再生能源联合实验室”共建工作。云南省应用技术研究院联合北京理工大学、云南师范大学太阳能研究所、郑州飞航低温真空干燥技术有限公司等国内知名研发机构和企业，与泰国拉卡邦先皇技术学院共同搭建了合作研究平台并同步推进两个示范工程（农产品太阳能干燥和太阳能海水淡化示范项目）在泰国建设。

2. 与云南的合作领域

近年来，云南省与泰国之间的科技合作日趋紧密，双方开展科技合作的重点是农业科技、可再生能源、天文观测、生态环境和医药领域等。

（1）农业

滇泰农业合作主要涉及生态可持续发展、蓖麻优质丰产产品新品种选育、热带药用植物研究、作物种质资源的交换与高效利用、植物学研究、传统泰药的医药与保健食品开发、赠送种苗（当归、杨梅、猕猴桃）及栽培试验示范、家禽饲养等。为纪念中泰政府间科技协定签订20周年而开展的长期合作项目“云南省和泰国南部旱地农业生态系统与热带雨林可持续发展合作研究项目”较为突出。此外，2013年，云南农业科学院与泰国共同合作建立甘蔗协作网。

（2）可再生能源与新能源

近年来，围绕新能源与可再生能源的利用与开发，云南省与泰国建立了广泛的合作关系。2012年云南省科学技术情报院与泰国纳苏安大学可再生能源学院合作开展中泰可再生能源及节能技术与产品推广及应用；与泰国阿裕塔雅大学合作开展中泰太阳能技术与产品应用示范基地建设。中泰双方依托该基地，开展太阳能公共照明、发电、热利用等方面的技术合作。同时，滇泰双方的机构还共同开展了中泰新能源与可再生能源专业技术人员培训。2013年，在泰国建立了可再生能源技术转移示范基地，以培训班和可再生能源项目实施等方式向泰国输出太阳能、沼气能技术及设备。2014年，云南省科学技术情报研究院帮助云南晶能科技有限公司在泰国实施了太阳能路灯建设、太阳能扬水系统示范项目、太阳能LED路灯安装等项目，[①] 大大提升了云南省太阳能技术和产品在东南亚国家的辐射和影响力，有力促进了云南太阳能产品和技术的国际技术转移。

① 开展技术转移服务促进太阳能企业开拓泰国市场［DB/OL］. http://www.ynste.com/kjcgzj/2152.jhtml，2018-11-12.

（3）天文观测

从20世纪90年代起，云南天文台就开始了与泰国的天文合作研究，双方利用望远镜观测平台，开展天文合作研究，积极培养区域青年天文人才。2013年，中国科学院云南天文台建立了云南中泰天文联合研究中心。为庆祝泰国诗琳通公主60岁华诞，云南天文台与泰国国家天文研究所联合在丽江高美古观测站共建中泰70厘米自动望远镜。

（4）医疗合作

云南与泰国的医疗合作包括双边合作和多边合作。机构间双边合作主要有云南省第三人民医院与泰国清迈大学医学院正式建立友好合作关系。2012年8月，双方签署了框架性合作协议，围绕疼痛疾病微创诊疗、传统中医治疗、职业中毒救治展开合作。多边合作主要有2016年云南与包括泰国在内的10个南亚东南亚国家医院创办了首届中国云南南亚东南亚国家医院院长论坛，并与这些国家医院院长签订了《关于医疗卫生合作谅解备忘录》。根据备忘录，论坛每2—3年举办一次，由各方医院轮流组织承办，并不断扩大参加国家和医疗机构的人员范围；备忘录还就传统（民族）医药以及医学教育、人才培养及科研合作等事项进行了明确。根据云南香根草科技有限公司与泰国签订的“中泰香根草产业化合作筹备办公室”建设意向书，泰国科学院与云南科技发展研究院签署了2012—2017年合作备忘录，推进在花卉和药物种植方面的农业合作。

（三）与云南的合作需求分析

1. 新能源技术转移与研发

中泰两国在包括太阳能在内的新能源领域具有较强的互补性与合作需求，大规模地开发利用新能源与可再生能源前景广阔。泰国作为一个能源需求大国，长期面临用电难、用电贵的问题。与此同时，泰国又拥有丰富的太阳能、沼气等清洁能源。而与泰国拥有类似资源的中国云南省，在利用太阳能、沼气发电等项目上具有国际一流经验，因此滇泰之间合作开发利用新能源潜力大。

2. 流行病和热带病的科研、教学与临床实践

云南省的几大医院和医学研究机构在热带医学医疗、教学和科研方面具有非常强的研究能力。泰国以玛希隆大学为代表的前沿医疗机构，在登革热、疟疾、丝虫病等热带病研究方面在亚洲处于领先地位，在国际上也有很高知名度。如果双方能够强强联手，增强在热带病方面的科研、教学和临床医学的合作，有助于将昆明建设成为辐射南亚东南亚国家的热带医学研究中心。

3. 生态保护屏障建设

中泰两国在2013年就签署了合作备忘录，计划共同推进亚太地区森林可持续发展。云南省边境地区生物多样性富集，森林覆盖率达67.8%，望天树、龙脑香、亚洲象等我国珍稀濒危动植物物种仅分布于此，是全国热带雨林分布面积最大的区域，也是我国生态服务功能和生物生产力最高的区域。泰国境内也有较为丰富的生物资源，需要不断加强保护。为积极落实大湄公河次区域森林生态系统综合管理规划与示范项目，需结合我国森林生态系统治理的成功经验，强化与泰国的务实合作，稳步推进大湄公河次区域森林生态系统综合规划、林区水资源管理、综合管理能力建设、林区发展与生计等活动，整体提高当地森林生态系统综合管理水平和林业产业对社区发展的贡献。

4. 农业合作

中国与泰国都高度重视农业的基础地位，都是世界重要农产品贸易大国。中泰两国农产品贸易虽有竞争性，互补性也很明显。中国在谷物、水产品、温带蔬菜、水果等品类方面具有比较优势，泰国在热带特色蔬果、稻米、橡胶等品类方面优势较为突出。泰国不生产温带水果，每年需进口大量苹果、梨和橘子，中国产苹果占泰国进口苹果的一半以上。云南省在温带蔬菜和温带水果种植方面具备优势，这是未来滇泰农业合作的方向。

四、进一步推动云南与泰国开展科技合作的建议

（一）深化中国－东盟创新中心泰国分中心建设

随着云南与泰国的科技创新合作走向深入，相关部门和机构建立了广泛和深入的线上线下合作关系与渠道。围绕云南省八大重点产业和绿色能源、绿色食品、健康生活目的地“三张牌”以及数字经济建设深化产学研深度融合的务实合作，尤其是应大力深化云南省自贸区与泰国高开区、国家重点科技机构、科技政策研究机构和智库的科技创新双向合作，促进产业合作。

（二）促进滇泰技术转移合作

在打造云南省面向南亚东南亚科技创新辐射中心国际合作创新高地方面，云南应充分利用和借助中国东盟技术转移中心、湄公学院中方协调机构、中国－东盟技术转移中心泰国分中心、中科院曼谷创新中心等平台，深入开展滇泰技术转移合作模式研究，充分发挥云南绿色食品、绿色能源、生物医药大健康和跨境数字经济建设科技优势，在技术提供、信息交流、人员培养、技术转移示范建设方面发挥作用，极大促进中泰、滇泰间的科技合作与研究，并带动国际区域合作。

（三）与泰国知名大学共建热带病防治辐射中心

如前所述，滇泰在热带病的科研、教学和临床实践方面有合作的基础。为将云南建设成为面向南亚东南亚的热带病防治中心，或可依托昆明医科大学等医学科研机构和省内知名医院，整合省内关于热带病研究与教学的骨干力量，以昆明医科大学为基地，与泰国玛希隆大学开展国际合作，建设“南亚东南亚热带病防治研究中心”。

（四）强化滇泰中医药合作

以中国－南亚东南亚传统医药交流合作中心为基础，充分利用云南地缘以及生物资源优势，加快建立与南亚东南亚国家医疗卫生交流合作机制，推动多层次的中医药国际教育合作。构建传统医药（民族医药）、热带病等临床医疗、教学科研、人才培养对外合作交流平台，吸引泰国学生来滇留学，接受中医药短期培训、临床实习；支持云南中医学院等中医药院校赴泰国开展境外办学，扩大中医药国际贸易，带动中医药事业发展。

（五）在澜湄合作框架下开展滇泰生物资源保护合作

澜湄合作早期收获计划中仅仅提出了中国与泰国在森林生态系统综合管理规划与示范项目方面的子项目设计，云南省林业部门可依据丰富的生态资源保护经验，推动与泰国北部省区共同规划和实施森林生态系统综合管理项目。利用中国－东盟林业科研机构合作机制，依托西南林业大学，制定亚太森林组织昆明培训中心中长期培训规划，全面提高培训质量，打造品牌。继续加强同云南省林业厅协作，发挥亚太中心技术、人才和资金优势，向泰国派出项目技术专家，培养国际型专家，提升云南在大湄公河区域的影响力。

（六）加强农业技术合作，开发有机农业市场

有机农业已成为泰国农业发展的主攻方向，泰国政府将推进有机耕作作为重要举措之一，以保证国家食品安全和农产品出口规模。云南企业可考察泰国有机农业市场，结合云南有机农业发展的经验优势，投资泰国有机农业开发、加工及供应链体系，拓展在有机农业领域的务实合作。同时，泰国重视水稻良种的培育与提纯，重视生物技术在农业领域的应用与推广，滇泰可加强在农业科技领域的合作，特别是在水稻育种、农作物防虫害等领域加强研究，提高双方在农业科技领域的竞争力。

第十章　缅　甸

一、科技发展概况

（一）缅甸科技发展基本情况

缅甸是东南亚陆地面积最大、人口密度最低的国家。农业是缅甸的主要产业，占国家 GDP 的 60%。缅甸科技力量比较薄弱，科技研究和开发的层次很低，农林科技力量在国内为最强。缅甸政府大量争取外援来引进国外设备和技术，发展本国的制造业，开发水电资源和矿产资源。缅甸科技投入很少，不具备推进产业发展的科研开发能力。缅甸科研工作者很少，大学生数量少，优秀年轻科研人员流失严重。缅甸 2016 年发表的科技期刊论文数量仅有 111 篇。缅甸共有 171 所大学和学院。2018 年在英国 QS 公司发布的全球大学排行中，仰光大学排第 8720 位，是全缅大学中在 QS 世界大学排名最高的大学。缅甸科技部直到 2013 年都没有设立知识产权登记机构，因此缅甸没有关于专利登记数的相关统计。缅甸虽然有专利法，但是没有商标法，知识产权立法方面非常欠缺。2016 年，高科技出口值在制造业出口中的占比约为 7.6%。

农业是缅甸的支柱产业，全国有近 70% 的人口从事与农业生产相关的工作，超过六成的国家劳动力和生计主要来源靠农业。缅甸在伊洛瓦底江三角洲地带拥有大量肥沃的土地，是全球知名的大米产区，农业资源丰富，发展潜力巨大，但由于政策扶持不足、灌溉等基础设施缺失、农业技术落后等多种原因，限制了粮食产量，造成农村地区贫困问题严重。

缅甸拥有大量的石油和天然气等自然资源，但因为缺乏开发技术和资本，缅甸的电力依然不足，停电频繁出现，这造成对电力供应要求较高的制造业无法在缅甸得到充分发展。为满足国内发展需求，缅甸计划发展风力、水力、太阳能、沼气和原子能发电等再生能源，但因为国内的科技发展滞后，国家对新能源的科技需求非常大。缅甸当前电力开发主要有三种模式：国家开发、私营企业投资开发（BOT）及与外国合资开发（JV/BOT）。目前缅甸已经在有计划地新建电力项目以保证巨大的工业和生活能源需求。

缅甸 1996 年组建了科技部，其主要职责是培养人才和构建教育研究环境。缅甸科技部下属机构有：科技研究局、职业技术教育局、尖端科技局、原子能局、技术发展与适应局、材料科学·材料工学研究局。2013 年缅甸科技部的年预算为 600 万美元，加上跨年项目预算 200 万美元，合计 800 万美元，对研究开发的投入经费在 GDP 中占比为 1%，与发达国家和其他新兴经济体相比有很大差距。2016 年，缅甸科技部并入教育部，主要的科研管理部门是缅甸教育部研究创新司。很多部委下属的部门和研究所也有研究职能。比较著名的研究机构有恰宓莫比（Hmawbi）设备试验研究中心和叶津农业研究所。研发型大学主要有仰光理工大学等。缅甸工业技术研究院是缅甸唯一的工业应用技术研究机构。该研究院设有应用化学、原子能、陶瓷、食品、金属材料、造纸等 10 个研究部及电子与测试、技术标准、技术信息、实验工厂等机构。

（二）科技发展战略与政策

1994 年，缅甸出台了科学技术发展法，这成为缅甸科技发展的基本法。国家经济发展计划明确要大力推动科技发展，并由科技部（MOST）主要负责。国家经济发展计划中与科技发展相关的领域主要有农业、林业、畜牧业、材料、水质保障、上下水管道建设、ICT 等方面。

2013 年 1 月，缅甸联邦共和国政府和国家计划与经济发展部联合发布了《缅甸外国投资法实施细则》，其中，高科技生产项目位列经济特区内可以投资的项目以及国家优先鼓励投资人投资项目首位。此外，投资实施细则对外国企业到缅甸投资办厂、开发自然资源、开展服务行业给予了税收减免优惠。

2017 年 7 月，缅甸联邦政府成立促进数字经济发展委员会（DEDC）。2019 年 1 月召开的数字经济发展委员会（DEDC）第二次会议上批准了关于缅甸发展现状的路线图草案。草案包括 6 个战略框架、9 个优先项目以及根据当前战略的需要设计的短期和长期行动计划。重点是打造数字企业，并将数字技术融入农业、畜牧业和生产部门以及中小型企业（SME），以提高它们的竞争能力和生产能力，增加国家收入。同时，开发电子商务、数字支付和数字市场，在缅甸建立创新创业生态系统，以鼓励数字经济和与技术相关的新工作的出现。

2018 年缅甸政府颁布《缅甸可持续发展规划（Myanmar sustainable development plan 2018—2030)》，其中明确列出了优先发展以太阳能为代表的可再生能源的目标。缅甸电力与能源部（MOEE）正在曼德勒省、实阶省和内比都加大公私合作的太阳能发电合作机制。缅甸政府致力于到 2020 年，通过风能和太阳能等可再生能源供应全国 8% 的电力。到 2025 年，致力于将这一比例增加到 12%，而这将助力缅甸在 2030 年以前实现全国 100% 通电。

二、对外科技合作概况

缅甸与美国、日本和新加坡的科技合作相对紧密。此外，发展中国家中缅甸与印度的合作较为紧密。国际组织通过国际援助的方式与缅甸开展合作。

（一）与发达国家的科技合作

1. 与美国的科技合作

美国与缅甸开展的科技合作，主要通过美国开发计划署实施。不过从严格意义而言，更像是基于援助关系开展的合作。

1950 年，美国和缅甸签署了《美国 - 缅甸经济合作协议》，之后的 10 年里，美国政府与缅甸政府密切合作，以拨款、信贷和出售农产品等方式向缅甸提供机器设备、日用必需品、人员培训和技术支持。缅甸政府自主支配资金并自由选择项目。1962 年军人政变之后，美国国际开发署关闭了驻缅甸办事处。1998 年，美国国际开发署重启了在缅甸的健康援助项目。开发署资助了一些传染病项目以防治疟疾、艾滋病、肺结核和禽流感。近年来，开发署资助了一些正在运作的项目，包括改善农业和渔业人口的生存条件、安全饮水和清洁系统、健康卫生等项目。2015 年，缅甸 Win 农业公司与美国公司合资成立 Agarwin Keystone 有限公司，在仰光—曼德勒高速路约 26.7 千米处种植 3 万多株沉香并出口至美国。此外，还建立了沉香油炼厂。两国地方企业间的合作逐渐增多。

2. 与日本的科技合作

20 世纪 60 年代初期，日本开始了对缅甸的官方发展援助（简称 ODA），两国建立了紧密的经济联系。但是从 1988 年军政府统治开始后，日本对缅甸的援助减少至之前的五分之一。科技方面，包含科技人员交流在内的科技合作非常少。主要的科技合作或许可以划分为以下三类：一是日本国际协力机构（以下简称 JICA）对理工科教育的援助。从 2013 年开始，JICA 对缅甸科技部下属的仰光理工大学和曼德勒理工大学提供援助。包括提供设备、研究基金、建设相关院系、进行课程改革等。JICA 还将这两所大学与日本企业建立联系，联合开展项目。二是日本可持续发展科技伙伴研究项目（以下简称 SATREPS）援助，从 2014 年开始实施，项目实施时间为 5 年。所谓 SATREPS 是由日本科技振兴机构与 JICA 联合实施的应对全球问题的国际科技合作项目，涉及缅甸的主要有“为增强缅甸灾害应对能力构建产学官联合的合作平台”项目。三是日本的东盟科技合作项目。借助日本的东盟科技合作项目，在传染病救治方面展开研究。

3. 与新加坡的科技合作

1994 年新加坡政府提出了缅甸技术援助基金，新缅双方的合作计划不断发展，合作项目涵盖范围日益广泛，包括人力资源培训、农业技术推广、酒店管理、交通和商业等。近年来，两国在农业技术合作、旅游合作、贸易咨询与发展、人力资源培训等领域的合作已取得了显著进展。此外，新缅双方还在捕鱼业、兰花培植技术与生产、旅游市场开发和经营、卫星通信、贸易与经济计划（如商业融资、外国贸易管理 、资讯的收集与使用等）等方面开展合作。

4. 与以色列的科技合作

目前，缅甸正在推进遗传种子为主的大米品种改良研究，以缅甸科技部下属的农业研究所为中心，缅甸国立叶津农业大学也参与其中并与以色列开展科技合作，派遣缅甸留学生到以色列学习相关技术。此外，缅甸农业研究所、大米协会、农业机构组织、农企等积极与外国公司与机构合作，开展联合研究、共建农业产业示范园区等，以提高农业生产技术和大米产量，拓展出口市场。

5. 多国合作的科技企业孵化器 SPRING

SPRING 由英国国际发展署、耐克基金会、美国国际开发署和 DFAT 合作创建，是一个支持新兴市场创新创业的加速器，在缅甸、南亚和非洲运营。SPRING 的加速器项目时间跨度为 9 个月，包括训练营、导师指导和融资支持。SPRING 在缅甸孵化的企业包括 Doh Eain、EDEN、Koe Koe Tech、Pomelo for Myanmar、360ed 等。SPRING 与缅甸相关企业的合作，为促进当地自然与文化遗产保护、公共健康、公平贸易市场、VR 以及 AR 教育技术的进步作出了积极贡献。

（二）与发展中国家的科技合作

发展中国家中，缅甸与印度的科技合作比较紧密。印度是继中国和泰国之后的缅甸第三大出口市场。

2006 年 3 月，印度总统访问缅甸期间两国签署了关于缅甸使用印度遥感数据的合作、印缅能源合作和佛教交流的三项合作协议。2008 年 10 月，缅甸第一电力部与印度国家电力有限公司签署两项水电项目合作谅解备忘录。由此开始，缅甸与印度合作在钦敦江上建设德曼迪（HTAMANTHI）水电项目和瑞实耶（SHWESAYAY）水电项目。德曼迪水电项目装机容量1200兆瓦，瑞实耶水电项目装机容量600兆瓦。2010年，与印度之间达成了信息共享和科技合作的共识，主要是接受印度对基础设施方面的投资和融资。近年来印缅主要在遥感数据、能源合作方面进展较快。同年8月，印缅双方签署了能源、交通、科技和信息等领域的合作协定，印度投资10亿美元用于扩大缅甸的石油天然气生产。2012年5月，缅印两国政府首脑在缅甸首都内比都举行会谈后，签署了包括航空协定、农业合作、开设边境市场、成立联合贸易和投资论坛、信息技术合作、国际问题研究、文化交流计划等12项协议，内容涉及两国国家安全、边界地区发展、贸易投资协定以及交通运输等诸多领域。

（三）与国际组织的合作

缅甸是接受国际组织援助较多的国家。缅甸与国际组织的合作，少数集中在农业领域，大部分集中在教育和医疗方面。

1. 与联合国粮农组织的合作

2012—2016年，联合国粮农组织在缅甸的工作主要围绕以下7个方面展开：为保证粮食安全而开展增加粮食产量的计划；提高食品安全；实现自然资源和环境可持续发展的管理；土地使用和土地管理水平的提高；人力资源的发展与能力建设；农村生活条件的改善；疾病防治和应对气候变化。围绕以上7个领域，在缅甸主要以召开国际会议、科学研究、开展人员培训等形式进行合作。

2. 与世界卫生组织的合作

世界卫生组织长期向缅甸提供援助。2008年缅甸遭遇“纳尔吉斯”热带风暴后，世界卫生组织向缅甸提供了2800万美元的医疗援助。医疗援助包括评估缅甸灾区医疗卫生需求，加强疾病监测，重建遭破坏的医疗体系。[①] 2009 年，缅甸与世界卫生组织合作防范猪流感。为防范疫情进入缅甸，缅甸与世卫组织合作，在国内开展了严格的防范工作。此外，缅甸接受了世界卫生组织、美国疾病管制与预防中心的合作协助，计划用 5 年时间建立缅甸疾病预防和控制中心。这个中心的建设也得到了中国的援助。

三、与中国（云南）科技合作现状

（一）中缅科技合作现状

中缅两国是山水相连的友好邻邦，两国人民之间的传统友谊源远流长。自古以来，两国人民就以“胞波”（兄弟）相称。1950 年 6 月两国正式建交以来，双边关系平稳向前发展。2000 年 7 月，两国政府签署《科技合作协定》，在互派科学家、研究人员、专家和受训人员；互换科技信息和文献；组织科技研讨会和专门培训班；制订和实施科研计划，并将成果运用于工业、农业和其他领域等方面达成共识。[②]

2011 年 5 月，时任缅甸总统登盛访华，双方决定建立全面战略合作伙伴关系。中缅两国在农业、海洋、林业、生态环境保护、水产养殖、医药卫生和饮水安全等领域开展了广泛合作，取得丰硕成果。2013 年以来，中方已邀请 50 多名缅甸青年科学家赴华工作，150 多名科技人员赴华培训。[③] 2014 年，中国 - 东盟技术转移中心与缅甸科技研究院签署合作协议共建中国 - 缅甸技术转移中心，双边机制成绩斐然，已成为推动中国与缅甸合作

① 世界卫生组织向缅甸提供医疗救助［EB/OL］，http：//www. 28. com/sjzt/bj/n - 55865. html。2018 - 06 - 08.

② 中华人民共和国政府和缅甸联邦政府科技合作协定［EB/OL］. http：//pkulaw. cn/fulltext_ form. aspx？Gid = 100667757&Db = eagn，2018 - 06 - 08.

③ 孙广勇. 中国流动科技馆走进缅甸［EB/OL］. http：//paper. people. com. cn/rmrb/html/2018 - 06/22/nw. D110000renmrb_ 20180622_ 1 - 21. htm，2018 - 06 - 22.

交流的重要平台。

2015年4月，习近平主席在印尼出席亚非领导人会议和万隆会议60周年纪念活动期间会见登盛总统（时任），之后，两国政府高层频繁互访，中缅两国友好关系继续稳步发展，两国各领域务实合作不断深化。2015年中国发布《推动共建丝绸之路经济带和21世纪海上丝绸之路的愿景与行动》，突出了缅甸在“一带一路”南线的枢纽作用。

2018年9月，中缅两国政府签署了《中华人民共和国政府与缅甸联邦共和国政府关于共建中缅经济走廊的谅解备忘录》。随着中缅经济走廊的推进，中缅两国的双向交流不断强化。

2018年11月23日，中缅政府间科技合作联委会首次会议在缅甸仰光举行。此次科技合作联委会会议的召开标志着中缅两国科技合作进入了一个崭新的阶段，将为两国全面开展科技合作奠定坚实基础。现阶段双方主要围绕绿色发展、现代农业、生态环境保护、减灾防灾、可再生能源、饮用水安全、传统医药、计量标准等领域开展务实合作。会上，中缅双方就科研合作平台建设、科技人文交流、技术转移转让、科技园区合作等诸多议题进行了讨论，并共同确定农业、饮用水安全、新能源、环保、防灾减灾等领域为现阶段中缅科技合作优先领域，将加强相关方面重点合作。

（二）重点合作领域

中缅科技合作的主要领域涵盖广泛的重点合作领域，如能源、卫生、农业、环保、防灾、航天、生态、海洋、水产养殖等多领域。

1. 卫生领域

2003年1月，中国和缅甸签署了《中华人民共和国和缅甸联邦政府卫生合作协定》。双方同意互派医学专家和考察团访问；出席在对方国家举办的国际性专业和学术会议；共同举办学术研讨会；开展边境省份的卫生合作以及经双方同意的其他形式的合作活动。

在“一带一路”倡议下，我国卫生部出台了《国家卫生计生委关于推进“一带一路”卫生交流合作三年实施方案（2015—2017）》。根据这个方案，中缅在疾病监测、传染病防控、疟疾药监测、血吸虫病联合防治、“光明行”和人员培训等医疗卫生领域开展合作。2015 年，中国与大湄公河次区域国家续签《关于湄公河流域疾病监测合作的谅解备忘录》，联合广西、云南等边境省份，进一步推进与大湄公河次区域国家开展传染性疾病的联合监测合作，形成有效的联防联控机制，提升湄公河次区域传染病防控能力。

2. 农业领域

近年来，中缅双边在农作物品种交换、育种和栽培技术的交流、农业科研技术人员培训等方面开展了一系列合作，并取得了积极的成果。以替代种植项目为代表的中缅边境农业合作取得明显成效，部分中国企业通过替代种植项目在缅甸进行农业开发，已经形成政府搭台、民营企业为主体的格局，缅甸北部罂粟种植面积大幅下降。中国的小型农机、种子、化肥、农药等农资产品，特别是手扶拖拉机及其散件，在缅甸市场占有很大比例。

2014 年《关于加强农业合作的谅解备忘录》决定成立农业、畜牧兽医和渔业合作分委会，全面指导在缅甸开展农业技术示范推广合作、现代农业改造与育种合作、跨境动植物疫病联防联控合作和小额农贷合作等。①

3. 航空航天领域

经过中缅双方科技部的多轮沟通，缅甸于 2013 年初将科技合作的重点放在了雷达与卫星通信领域，提出和中国在该领域建立联合实验室。由科技部国际合作司主持选拔优秀企业与缅甸方面进行合作，中国航空科工二院23 所凭借自身在雷达和卫星通信领域深厚的技术实力，以及立足于缅甸实际需求的精心准备和策划，成为中缅联合实验室项目的中方承办单位。②

---

① 原瑞玲，翟雪玲．“一带一路”背景下中国与缅甸农业投资合作分析［J］．中国经贸导刊，2017（16）：1－13.

② 李江琦，陈慧扬．中国航天科工与缅甸科技研究院将建中国在缅甸首个国家级联合实验室［J］．中国航天报，2014（12）：1.

4. 海洋领域

中方邀请缅甸交通部气象与水文局参加了中方在政府间海委会西太分委会框架下发起的“亚洲季风爆发监测及其社会和生态影响（MOMSEI）”项目，奠定了中缅海洋领域合作的基础。自2012年起，中国国家海洋局第二海洋研究所与缅甸能源部合作，开展了“缅甸近岸深水AD-1和AD-8区块海洋气象研究”。在缅甸的石兑西海岸深水区开展针对油气资源的海洋环境调查和数值模拟研究。2015年，中国海洋石油总公司宣布，“海洋石油981”号钻井平台在缅甸安达曼海进行海上钻探作业；2月，随着“海洋石油981”号钻井平台的钻头探入安达曼海1721米深的水下地层，我国钻井平台承钻的第一口海外深水探井开钻。① 2015年8月，中科院南海海洋所与缅甸海事大学签署了合作备忘录。②

5. 生态环境领域

近年来缅甸森林覆盖率有所减少，缅甸正在努力增加森林面积，计划实施在2017—2026年恢复造林计划。2016年，“中缅友谊林”生态项目启动仪式在缅甸仰光举行。“中缅友谊林”由中国驻缅甸大使馆和缅甸自然资源和环境保护部联合创办。“中缅友谊林”生态项目首期计划投入5亿缅元（约合39万美元），种植树苗约4.2万株，覆盖林地约合48.56公顷，2017年栽植完成。③

6. 水产养殖领域

缅甸渔业养殖方面的外国投资几乎为零。缅甸需要附带投资、技术和

① 国家海洋局宣传教育中心．中国-缅甸海洋合作［EB/OL］．http：//www.soa.gov.cn/xw/ztbd/ztbd_2015/zdblh/sbhz/201509/t20150917_43076.html。2018-06-08.

② 中国科学院南海海洋研究所．南海海洋所与缅甸海事大学签署合作备忘录［EB/OL］．http：//www.scsio.ac.cn/xwzx/tpxw/201508/t20150827_4416938.html。2018-06-08。

③ 新华社．中国缅甸启动“友谊林”生态项目［EB/OL］．http：//www.xinhuanet.com/2016-10/30/c_129343190.htm，2018-06-08。

市场的外国投资。[1] 近年来中缅两国建立了全面战略合作伙伴关系，睦邻友好、互利合作不断深化，在“一带一路”倡议、南南合作框架下，我国积极推进与缅甸间的渔业科技交流与合作，共同致力于水产养殖业可持续发展。2018 年 6 月底，由中国商务部主办的“2018 年缅甸水产养殖技术培训班”在淡水渔业研究中心开班。培训班为期 30 天，共有 16 名来自缅甸的渔业官员和技术人员参加。

7. 生物多样性研究领域

2016 年 10 月，中国和缅甸成立中国科学院东南亚生物多样性研究所（CAS－SEABRI），作为协作科学研究的领先机构，保护东南亚国家的生物多样性。尽管生物多样性水平很高，缅甸许多地区的生态系统正受到经济快速发展的威胁。参与 CAS－SEABRI，接受学术培训，可提高缅甸保存自己的生物资源的能力。迄今为止，CAS－SEABRI 已经成立了植物多样性和保护、水生植物多样性、传统医药和民族植物学、动物多样性和保护 4 个研究组，已完成了 3 次大规模的野外生物多样性调查，收集了 1500 个植物标本，利用红外热像仪拍摄了 10000 张照片，发现了 20 种新的植物物种和 100 种新的蜘蛛物种。CAS－SEABRI 作为一个强大的国际合作研究和发现平台，还培养了东南亚优秀的青年硕士和博士。

8. 技术转移中心建设

近年来，广西与缅甸有关机构、高校及企业在农业、北斗卫星等领域开展了较多合作，为提升合作水平，拓展合作领域，2018 年 3 月，双方就进一步推动中国－缅甸技术转移中心运行机制、加强中缅技术转移与创新合作、开展科技人才交流与培训、提升中缅农业科技示范基地建设等内容进行了深入交流。主要是充分利用中国－缅甸技术转移中心平台，深化技术转移合作；积极对接缅甸技术需求，推动民生科技联合攻关；加大实施“百名东盟杰出青年科学家来华入桂工作计划”，新增 100 位青年科学家来

---

① 中国驻缅甸经商参赞处．缅甸水产养殖业吸引外资乏力［EB/OL］．http：//shanghaibiz. sh－itc. net/article/wj/tzhj/201201/1180080_ 1. html，2018－06－08.

桂交流与培养；与包括缅甸在内的东盟国家携手打造“一带一路”背景下桂港澳与东盟中医药大健康产业国际创新合作圈建设。缅甸方面建议继续加强与缅甸在现代农业领域的技术转移与推广示范，同时可在供水系统、水处理、人工林、中草药种植技术标准化、生态绿色农业等领域深化合作，使民生科技惠及中缅两国人民。

（三）主要合作方式

中国和缅甸科技合作的主要方式涉及联合研究、共建实验室、技术转移和人才交流与培养、地震科研合作。

1. 联合研发

在医疗合作方面，在亚洲血吸虫病及其他重要蠕虫病防治研究网络（RNAS+）核心国家17年合作的基础上，沿着21世纪海上丝绸之路所经的主要血吸虫病流行或潜在流行国家（包括老挝、柬埔寨、泰国、缅甸、菲律宾、印度尼西亚等国），建立湄公河流域消除血吸虫病联合研究中心，推动湄公河流域血吸虫病消除的策略与关键技术研究与应用，培养青年技术骨干，提升整个疾病防控能力与体系的建设，为该地区发展因地制宜的综合防控策略提供理论依据和实践基础。此外，在海洋地质调查领域也达成了开展联合研究的意向。2016年3月，“海上丝绸之路——中缅海洋地质合作交流会议”在广州召开。会上，中国地质调查局科技外事部、广州海洋地质调查局、缅甸科技部地球科学研究所（MGI）等单位就中缅双方在地球科学方面共同开展合作研究，以及合作内容和方式等方面达成了初步意向。

2. 共建实验室

在航空航天领域，2014年12月，中国航天科工二院23所与国家科技部签订“中缅雷达与卫星通信国家联合实验室”项目的任务合同书，标志着该所与缅甸科技研究院共建的国家级联合实验室正式立项实施。中缅雷达与卫星通信联合实验室是23所在海外建立的首个科技输出平台，也是中国在缅甸成立的首个国家级联合实验室。中缅雷达与卫星通信国家联合实验室主要涉及雷达系统、卫星通信技术和微电子应用三大领域，由中缅双方合作共建。实验室将为缅甸培养相关领域的科研技术人员，使其具备开展技术研究、进行技术创新的能力。作为缅甸雷达与卫星通信领域技术研究人才的“摇篮”，实验室将促进中缅在该领域的经济技术合作，引领缅甸经济建设的发展。

3. 人才交流与培养

参与中缅科技人才培养的机构和模式较为多样化。一是中国向缅甸提供大量教育援助。除了两国政府教育部门的双边安排以外，中方在中国－东盟合作、澜湄合作、南南合作等框架下向缅方提供了诸多奖学金。中国商务部、公安部等中央政府有关部门和云南省、广西壮族自治区等地方政府以及香港、澳门特别行政区每年还向缅方提供大量奖学金、助学金和培训机会，中方每年向缅方提供的教育援助人次数以千计，覆盖缅甸政府各部门以及社会各界。

二是我国高校接收了大量缅甸留学生。仅2018年中国驻缅甸大使馆收到600余人报名申请中国政府（CSC）奖学金，报名人数比2017年增长了近4倍。最终通过中国大使馆录取共216人，是2017年的2倍，录取人数为历年最多。这个数字还在不断增长。

三是国内高校积极与缅甸机构建立联合研究中心，有针对性开展科技人才培养。2018年10月，中国科学院大学和缅甸林业司联合科教中心合作，在缅甸内比都成立了中国科学院东南亚生物多样性研究中心。中科院成立的东南亚研究中心，也将以中国科学院大学和缅甸林业司联合科教中心的启动为契机，进一步推动中缅双方在生物多样性保护以及青年人才培养等方面的合作。

四是中国企业积极参与对缅甸科技人才的培养。华为公司的“未来种子”项目为缅甸培养ICT人才作出了积极贡献。“未来种子”是华为履行企业社会责任而在全球推行的旗舰项目，旨在培养本地ICT人才，推动知识迁移，提升人们对ICT行业的了解和兴趣。2017年，首批10名缅甸优秀青年学生通过该项目赴华参观、学习。2018年，第二批“未来种子”学生代表赴中国进行为期两周的学习交流。[①]

4. 科技示范园区

江苏在缅甸首都内比都周边建立“中缅国际农业科技示范园区”。园区占地600亩，建成一个中心、四个示范生产区。一个中心是综合创新中心，四个示范区是科技产品展示区、研发实验区、粮种繁育区、加工物流仓储分散区。园区主要涉及四大作物，分别是粮油、蔬菜、稻米和蓖麻。稻米培育采用穿梭育种的方式，把江苏的优良种子和缅甸本土的优良种子进行杂交，培育适合缅甸的稻米品种。[②]

5. 地震科研合作

2003年3月，建在缅甸首都仰光和曼德勒的两个地震监测站正式运行，这是中缅两国在地震科技领域开展的第一个实质性的合作项目。双方共享的地震数据通过中国地震局援赠的卫星传输系统传输到中国地震局数据中心，不仅在缅甸地震预报、防震减灾工作中发挥重要作用，也极大地提高了我国对西南周边地区的地震监测能力和范围。同时，援缅数字地震仪为我国自行研制开发的CTS－1宽频带地震仪，属国际领先水平。该项目的实施不仅展示了我国先进的地震仪器设备，为今后向发展中国家出口设备和输出技术奠定了基础，也是中国环华数字台网建设工作迈出的第一步。

（四）滇缅科技合作

云南省近年来利用区位优势、前沿门户开发优势和科技优势，在农业领域、能源科技、医疗卫生、动物疾病防治、地震预测、罂粟替代种植及地质矿产资源合作开发等方面与缅甸开展合作。

---

① 李小艳公参出席缅甸第二批华为“未来种子”赴中国学生团启程仪式［EB/OL］. https://www.fmprc.gov.cn/ce/cemm/chn/sgxw/t1549186.htm，2018－11－09.

② 江苏在缅甸建“中缅国际农业科技示范园区”［EB/OL］. http://news.xdkb.net/2018－11/08/content_1124959.htm? from=groupmessage，2018－11－09.

1. 主要合作领域

（1）农业合作

云南利用现有的多个多边合作平台，与缅甸广泛开展农业合作。目前，云南省与缅甸方面的合作项目有曼德勒大学与云南农业大学合作建设的中缅生物资源与生态保育联合实验室；中缅创新创业大赛暨中缅创新创业论坛。

滇缅农业合作中最为突出的或许是罂粟替代种植。自1995年以来，云南省科技厅共投入经费255万元，支持“绿色禁毒工程”罂粟替代种植项目13项，通过中缅边境各县科技管理部门、种子公司、企业等与缅甸北部的佤邦、克钦邦、掸邦特区政府合作，以中方负责派专家指导种植技术、提供作物品种和农机设备、培训人员，缅方负责提供土地、劳力、基础条件等方式，合作开展水稻、香蕉、甘蔗、茶叶、橡胶、水果、菊叶薯蓣等作物替代罂粟种植，合作区域基本覆盖了与云南省西双版纳、思茅、临沧、保山、德宏接壤的缅北边境地区，有的项目已经到达缅甸掸邦境内的万宏地区。

项目借鉴云南省山区混合农业致富模式，通过农业科技试验示范、典型带动，以点带面，逐步推广，形成规模，取得了较好的效果。“绿色禁毒工程”的成功实施，受到国际社会的公认和好评。以“中缅千亩甘蔗、万亩水稻丰产示范”为代表的“绿色禁毒工程”创立了罂粟替代种植的“勐海禁毒模式”，为世界其他毒源地区开展“替代毒品种植”树立了榜样，受到联合国禁毒署的高度赞誉。①

（2）动物疾病防治

由外交部澜沧江－湄公河合作基金支持的澜沧江－湄公河流域跨境动物疫病控制区示范项目，已连续3年支持云南省畜牧兽医科学院开展跨境动物疫病实验室诊断检测技术培训。

---

① 王翠．云南省与缅甸科技合作和交流的回顾与展望［J］．云南科技管理，2005（4）：59.

2018年6月，“澜沧江－湄公河国家跨境动物疫病实验室诊断检测技术培训与示范”培训班在云南省畜牧兽医科学院举办。此次培训班由云南省畜牧兽医科学院承办。来自越南、老挝、缅甸和泰国4国兽医实验室技术人员参加为期14天的口蹄疫实验室诊断检测技术培训和现场采样示范。

（3）在地震观测和防震减灾方面的合作

缅甸与中国西南地区处于世界重要的两大地震构造带之一康德阿尔卑斯山－喜马拉雅地震构造带，是全球新构造运动和现代强震活动最强烈、各种现代地学现象最丰富的地区之一。为了观测和研究缅甸境内的地震活动，中国政府帮助缅政府开展了系列防震减灾工作。中缅两国政府签署了《关于中华人民共和国科学技术部援赠数字地震仪的谅解备忘录》，援助缅甸建设数字地震台，由云南省地震局代表中国政府与缅甸交通运输部水利气象厅共同实施。[①] 此外，云南省地震局受科技部和商务部的委托，连续18年承办“中国－发展中国家间技术合作（TCDC）——地震学与地震工程国际培训班”，并向缅甸学员提供国际旅费资助。

（4）矿产资源数据库建设

云南省科技厅于2004年投入科技经费60万元，在国际合作计划中立项支持开展“中南半岛六国矿产资源数据库建设及资源开发评价”研究。项目由省地质矿产勘察开发局承担，旨在创建一套与国际标准接轨，科学、系统、安全，可全方位服务于国际合作以及政府决策部门、科研机构、企事业单位，集矿产资源信息、数据分析、综合评价体系、应用范例为一体的空间数据库及信息管理系统。

（5）医疗合作

赴缅甸开展“光明行”活动。云南省卫生计生委会同云南省外事办公室自2013年2月起，组织医疗队赴缅甸曼德勒开展“光明行”活动，已为当地白内障患者免费实施500余例复明手术。

---

① 王翠．云南省与缅甸科技合作和交流的回顾与展望［J］．云南科技管理，2005（4）：59.

(6) 生物质能气化电化示范合作

2018 年，中国援缅开发的首个 200kW 生物质能气化多联产发电示范项目在项目基地——伊洛瓦底省良东镇阿米昂碾米厂举行试车剪彩仪式。该项目合作经云南省科技厅推荐，中国科技部委托生物质能领域的代表型企业——昆明电研新能源科技开发有限公司，自 2015 年起在缅甸实施“生物质能气化发电的示范与推广”重点科技示范项目。通过开发缅甸丰富的生物质能资源，采用生物质能气化发电技术转化为电力和生物质炭，满足缅甸人民不断增长的电力需求，同时又能保护森林免遭砍伐，保护环境免于污染。经过两年多的攻坚克难，中缅合作的首个 200kW 生物质能气化多联产发电示范项目顺利建成，对米厂排放的谷壳进行完全环保的气化，转化为电力能源，同时还产生可用于改良土壤、增产增收的生物质炭。

2. 主要合作方式

云南与缅甸开展科技合作的方式主要涉及共建科技示范园区、联合研究和农业技术转移。

(1) 共建示范园区

2007 年 4 月，云南省农业厅和缅甸签署协议，双方共同建设农业综合示范园。农业综合示范园总投资 560 万元，建成后整体移交给缅甸方。示范园的主要项目包括：技术培训楼及园区管理中心建设；良种猪苗繁殖及商品猪饲养；虾、蟹、热带鱼种鱼苗繁殖及成品饲养；热带水果柠檬种植示范基地建设。

(2) 联合研究

云南省农科院、柬埔寨农业科学院、老挝农林科学院、缅甸农林牧渔科学院、泰国农业合作部农业司及越南农业科学院于 2008 年 3 月联合成立大湄公河次区域农业科技合作交流合作组，在大豆、陆稻、马铃薯、甘蔗等领域开展合作研究。由六方大豆科技专家组成的大豆科技合作交流工作组开展了大豆生产关键技术的引进、试验、集成示范，推动了次区域大豆生产。经过在大湄公河次区域国家多年多点试验示范，云南省农科院筛选出“滇 86 – 5”“滇 86 – 4”“滇沧 2 号”等多个适宜大湄公河次区域各国种植品种。这些云南大豆品种在大湄公河次区域国家产量高、稳产性好，表现出较大增产潜力，具有良好推广前景。2018 年，云南大学与缅甸曼德勒大学在云南大学呈贡校区举办“一带一路”沿线国家联合实验室申报准备工作会议，研讨两校合作申报“一带一路”沿线国家联合实验室项目推进工作。

（3）农业技术转移

云南省对缅甸的技术转移中，农业方面的成绩较为突出。依托大湄公河次区域农业科技合作交流合作组这个平台，云南省农科院甘蔗所作为甘蔗组组长单位与缅甸甘蔗研究中心在甘蔗种质交换方面开展了相关工作并取得了较好的进展，引进了甘蔗品种/材料 25 个，输出甘蔗品种/材料 20 个。对其科技人员培训 800 余人次；短期互访 8 次。① 2005 年 9 月，由云南省农业科学院粮食作物研究所开发的云光 14 号新品种水稻落户缅甸。此次出口缅甸的新品种水稻种子达 100 吨。②

（五）滇缅合作需求分析

云南省在“中国 – 东盟自由贸易区”建设中处于前沿区位，加强与东盟成员国的科技合作与交流日趋重要。利用云南省积极参与“中国 – 东盟自由贸易区”建设的契机，将对缅科技合作与中缅经济合作、对缅经济援助和边贸相结合，增强云南省对缅的技术援助。在以下领域有开展科技合作的需求。

1. 农业合作

近年来，缅甸大力发展粮食种植业，采取鼓励粮食出口的贸易和投资政策。云南省农业和生物资源丰富。高原特色农业是“十三五”期间云南

① 缅甸农业部领导及科技人员到云南省农科院甘蔗所访问交流［J］. 世界热带农业信息，2017（11）：28.

② 云南农业科学院研发的新品种水稻落户国外［EB/OL］. http：//www. hljagri. gov. cn/nykj/xcpxjs/200705/t20070523_ 35371. htm，2018 – 10 – 06.

重点发展的产业之一。滇缅产业结构互补性强，合作基础好，建立滇缅现代农业产业园区有利于发展滇缅现代农业，促进双方的产业结构调整和升级，扩大中缅两国贸易和投资。中缅须着力解决两国农产品贸易中存在的问题，加快实现两国农产品安全和检验检测标准的接轨，加强中缅农业技术和人才的输出与交流，推进中缅农产品贸易便利化发展，建设中缅现代农业产业园促进优势农产品发展，打击中缅边境农产品走私，以助推中缅农产品贸易更好更快的发展。

2. 矿产资源勘探、开采和加工

缅甸矿产资源丰富，但其地质勘查能力较落后，因此对整个矿藏的储量及分布情况还不完全清晰。云南在玉石勘探与加工方面有丰富经验。云南省可利用技术和区位优势，加强对缅甸及其他沿边国家的能源资源深加工技术、装备与工程服务方面的合作。

3. 交通基础设施

缅甸基础设施落后，高速公路和铁路设施不完善，在能够构建“全国一盘棋”的基础设施建设方面，缅甸需要大量投资。而“一带一路”建设中，基础设施领域是优先领域，在“一带一路”建设中，在道路建设方面有很大优势，可以达到双赢的目的。

四、进一步推动云南与缅甸开展科技合作的建议

缅甸在农业发展、产业发展、科技教育等方面都有发展需求。云南省在以上方面都有发展优势或发展经验，未来可以继续围绕农业、产业发展和人才培养开展工作。

（一）加强和促进滇缅互联互通

加快构建“一带一路”云南与缅甸及其他接壤国家的海运水运网、高速公路网、高速铁路网、航空网、通信光缆网。“一带一路”将依托沿线基础设施的互通互联，对云南和缅甸及其他沿边国家贸易和生产要素进行

优化配置，从而促进区域一体化发展，包括边境口岸设施和中心城市市政基础建设、跨境铁路扩能改造、口岸高速公路等互通互联项目建设。加快中缅科技政策和科技合作信息互联互通。

（二）深化中国－东盟创新中心缅甸分中心建设

随着云南与缅甸的科技创新合作走向深入，相关部门和机构建立了广泛和深入的线上线下合作关系与渠道。围绕云南省八大重点产业、绿色能源、绿色食品和健康生活目的地“三张牌”产业和数字经济建设，深化产学研用深度融合的务实合作。深化云南自贸区与缅甸科技园、工业园、产业园科技创新合作，落实对缅“一带一路”科技创新行动计划，加强沿边重点科技合作、跨境科技创新合作和中缅科技大市场建设。

（三）促进农业耕种技术、农业基础设施的完善和农业人才的培养合作

缅甸农业资源丰富，未开发土地很多，发展潜力巨大，但其农业技术落后，农业人才缺乏，双方可以进行优势互补，开展农业合作。根据缅甸近期的发展规划和发展需求，从粮食种植和经济作物种植这两个方面，围绕种植技术的提高开展合作。缅甸很多地区缺乏水渠、农机等农业基础设施，可以申请商务部援助项目和澜湄合作基金，对与云南邻近的省区为切入点，为缅甸企业提供农机装备和农业贷款、传授种植技术等，以更好地惠及当地百姓。在人才培养方面，建议以中缅边境的职业技术学校或学院为基地，继续深入开展面向缅甸的农业技术人才的培训工作。

（四）推动牧业科技合作

缅甸畜牧工业化起步晚，技术水平落后，外来畜禽品种引进力度不大，缅甸黑猪、斗鸡、羊、牛、龟、蛇等地方畜禽品种资源原貌保存较好且贮备丰富，这为缅甸畜牧业未来可持续发展贮备了宝贵的遗传资源。云南在畜禽品种资源的评价、保护、开发利用等方面技术水平更为成熟，可

在该领域与缅甸有关单位寻求合作，通过引进缅甸优良的地方畜禽品种进行常规开发利用研究和遗传资源研究，将其优良基因导入我国的畜禽品种，实现畜禽资源共享，扩充云南畜禽遗传资源库，为新品种培育提供更为丰富的育种素材，提高云南畜牧业的市场竞争力。

（五）引导缅甸青年科学家来滇工作

截止到2018年11月，已有79名缅甸青年科学家先后赴华工作，占全部东盟国家青年科学家赴华人数的70%，还有200多名缅甸科技人员已来华培训。应不失时机地加强缅甸青年科学家来滇工作，重点遴选绿色发展、现代农业、可再生能源、传统医药等专家学者助力深化云南和缅甸科技重点领域交流与合作。

第十一章 越 南

一、科技发展概况

（一）基本情况

1. 发展概述

越南面积约33万平方千米，2016年统计人口约9270万。越南的科技基础比较薄弱，现行财政机制计划经济色彩较浓，不能满足科研需要。科研人员虽有大幅增长，但缺乏国家重点课题研究带头，科研力量分布不均。

近年来，越南积极开展多种双边科技合作和技术引进，国际科技合作更为密切频繁，内容与形式日益丰富，合作领域日趋扩大，越南科技产业开始为经济发展作出越来越多贡献。2019年，越南第一季度的经济同比增长值为6.82%，二季度为6.76%，三季度更是上涨到了7.31%。2019年世界经济论坛公布的国家竞争力排行中，越南在全球140个国家中排名第67位。

2. 科技投入

据越南科技部统计，越南现在每年投入的科研经费为7亿美元左右，约占国家财政总支出的2%和GDP的0.4%。政府投入仍占绝大部分。科技部正设法增加企业对科研投入的比例以将政府投入比例减少到50%左右。根据联合国教科文组织的统计数据，越南研究经费的分配，基础研究占比30%，应用研究占比53%，开发与实验占比17%。

3. 科技人才资源

越南的科技人才，2013 年时每万人中有 6.748 人。这个数据与发达国家相比依然低很多。① 截至 2013 年底，越南共有 1513 个科学组织，其中有 1001 个组织分布在中央各个部委，512 个组织分布在各地；国立的科学组织有 949 个，非国立的有 564 个。全国 1513 个科学组织中科研人员数量为 60543 人，相当于每万人中有 7 人从事与科技有关的工作。② 目前，越南有 17 个国家重点实验室，在科研机构、大学里从事科研工作的人员约 6.2 万人，全国高等院校有讲师 8.4 万人，在国外有近 10 万留学生，有 30 万旅居海外的越裔知识分子。

4. 科技产出

（1）论文发表数量

2010 年以来，越南学者公开发表的论文数量如下表所示。

2010—2016 年越南学者所发表的科技期刊论文数量

年份	论文数量（单位：篇）	增长比例（%）
2010	1097	26.87
2011	1216	10.86
2012	1567	28.92
2013	1858	18.59
2014	2004	7.83
2015	2292	14.38
2016	2961	29.20

数据来源：世界数据图册［DB/OL］. https://cn.knoema.com/atlas/%E8%B6%8A%E5%8D%97/%E7%A7%91%E6%8A%80%E6%9C%9F%E5%88%8A%E8%AE%BA%E6%96%87，查询时间 2018－11－18.

① 世界数据图册：越南研发人员数量［DB/OL］. http://www.elecfans.com/tongxin/rf/20170908545598.html，2018－11－18.

② 阮翠霞. 科学技术人力发展政策［J］. 越南立法研究院院报，2013（7）：11－12.

（2）专利申请数量

2010—2016 年，越南常住居民和非常住居民申请专利情况如下表所示。

年份	专利数总量（单位：项）	常住人口申请数（单位：项）	非越南居民申请数（单位：项）
2010	3582	306	3276
2011	3560	300	3260
2012	3806	382	3424
2013	3995	443	3552
2014	3447	487	2960
2015	5033	582	4451
2016	5228	560	4668

数据来源：日本科技振兴机构研究发展战略中心．东盟各国科技发展形势（2014年）[M]．2015（3）：18.

如上表所示，2010—2016 年，越南专利申请数量总体呈现增长趋势。在专利申请中，非常住人口（外国人）占压倒多数。

（二）科技发展战略与政策

20 世纪 80 年代末，越南进行了科技体制改革取得明显成效。自 1986 年革新开放后，越南政府确定了教育与科技发展是越南首要国策，是越南实现工业化和现代化国家进程的基础及动力。2010 年以来，越南政府批准颁布了《越南科技发展战略 2011—2020》《科技创新基金条例》《至 2020 年科技市场发展计划》《工业 2025 年发展战略规划》等科技发展战略和政策，对研发基地建设、国家技术创新基金、科技市场发展、知识产权交易、高新技术产业园区建设、工业化绿色战略等方面作出了规定。2012 年越南政府提出了推动高科技发展的“硅谷计划”，为国家科技创新发展注入了新的动力。

1. 越南科技发展战略2011—2020

2010年4月，越南政府批准了《越南科技发展战略2011—2020》，提出到2020年时要让科技在越南经济增长和经济结构调整中发挥重要作用。《越南科技发展战略2011—2020》确定了越南科学技术活动中的三个主要方向，包括提高科技创新能力、革新管理机制和推进科技应用研究。该战略强调，要增加政府对科学技术投入的预算比例、扩大科技市场交易额、加强基础和应用科学研究中心建设，大力培养科研和技术研发干部，同时按国际标准培养和考核5000名具备参与国家优先发展行业、高技术生产线管理和调度能力的工程师，争取到2020年在通信、生物、材料、自动化、汽车机械以及环境保护这些领域成为东盟领先国家。①《越南科技发展战略2011—2020》被认为是越南科学技术创新发展的新方向。

2. 推动高科技发展的“硅谷计划”

2012年，越南提出了旨在推动高科技发展的“硅谷计划”，该计划由科技部负责实施，主要内容是通过政府政策和科技部资金支持，大力发展高科技，推出具有国际竞争力的科技公司，将越南从电子元件主要生产国变为全球数字经济的重要参与者。

3. 越南工业发展战略2025—2035

2014年6月，越南政府颁布《越南工业发展战略2025—2035》，把加工制造业、电子通信业、新能源和可再生能源列为优先发展行业，强化科技部门在工业化中承担的职责，要求各部门加大对高科技产品自主研发、设计、制造的投入，重视科技人才培养，加大技术创新，同时扩大与国外机构的科技合作，积极融入全球价值链，争取实现到2025年高科技产品和绿色技术产品总产值在GDP中的比重达到45%，2025年后达50%以上。

---

① 2011年至2020年阶段越南科技发展战略获批［DB/OL］. http：//zh. vietnamplus. vn/2011%E5%B9%B4%E8%87%B32020%E5%B9%B4%E9%98%B6%E6%AE%B5%E8%B6%8A%E5%8D%97%E7%A7%91%E6%8A%80%E5%8F%91%E5%B1%95%E6%88%98%E7%95%A5%E8%8E%B7%E6%89%B9/6668. vnp，2018－12－06.

（三）科技管理部门、科研机构、研发型大学

1. 管理部门

（1）总理府内的科技局

越南总理府内设有科技局和作为国家科技政策制定的咨询机构“国家科技政策委员会（National Council for Sciencee and Technology Policy ：NC-STP)”。科技局是越共中央领导下的部门，统领包括越南科技部在内的越南所有科技管理部门。国家科技政策委员会也隶属于科技局。国家科技政策委员会由31名成员构成，主要负责向越南政府提交与越南科技发展相关的所有文件并下达关于科研发展的各种文件和指示。此外，越南国家科技研究院、越南国家社会科学院和越南国家大学都由总理府直接管理。

（2）越南科技部

2013年2月，越南政府颁布的第20/2013/ND－CP号条例，规定了科技部的任务、权限及所属机构。根据该文件，科技部为政府科技主管机关，行使科技管理职能，包括科学技术及研究活动、质量测量标准、大众科技服务、国营企业管理、原子能、核能辐射安全等。科技部有22个内设机构和20个直属事业单位，其中主要的有自然与社会科学司、科技政策与战略院、技术经济科技司等。科技部的任务与权限：一是制定并呈报政府各部门和总理府关于科技行政管理的各项法律、法令及其他法律规范文件、草案、发展策略与规划，包括长程、五年及年度计划。二是根据科技部职责颁布相关决定、通知及其他文件。三是指导并监督执行已签发的科技部的法律规范文件、策略、规划、计划；对于科技部出台的法律和规范进行宣传与普及。

2. 科研机构

越南科研机构非常多元，包括政府部门内部设立的研究机构以及大学和企业的研究机构。其中，政府设立的研究机构的科研活动最为活跃和丰富，企业和大学的研究较为薄弱。除越南科技翰林院外，大部分科研机构的研究都集中在基础性研究领域。

（1）越南科技翰林院

越南科技翰林院（VAST）是直属越南政府的科研机构，1975 年开始开展研究，2008 年正式挂牌成立。越南科技翰林院的主要研究所位于河内和胡志明市，目前有 30 个国立研究所，7 个事业单位，34 个专业研究领域。该院现有人员超过 4000 人。越南科技翰林院主要职责是自然科学研究、技术开发和人才培养，研究方向包括：信息技术、电子、自动化和航空航天技术、生物技术、材料科学、生物多样性和生物活性物质、地球科学、海洋科学和技术、环境与能源。近年来，该院在研究和实施国家航天计划中取得了一些重要成绩。目前越南科技翰林院与 50 多个国家科学院和科研机构建立了合作关系，同 13 个国际科技组织签署了合作协议及备忘录。

（2）卫星研发中心

越南翰林院的卫星发射中心（Vietnam National Satellite Cener）是运用国际援助基金建立的卫星研发机构。目前完成的主要项目有得到法国援助项目资助的地球观测项目，得到比利时援助项目资助的地球观测项目和得到日本援助项目资助的灾害与气候变化应对项目。

（3）国家重点实验室

越南在政府优先发展的科技领域内，设立了 16 个国家重点实验室。这些实验室一般设在越南科技翰林院、中央各部委内的研究所和大学内。总投入大约是 9500 亿越南盾，同时还配备了最先进的研究设备。这 16 个国家重点实验室涉及的领域包括信息情报、生物技术、材料技术、机械工学、自动化、石油、能源和基础设施等。

（4）政府各部门的研究所

越南中央政府的各个部委都有附属研究所，都从事科研活动。如教育训练部，主要承担高等教育研究。农业农村发展部，拥有越南农业科学研究院等多个研究机构。此外，医疗部和产业贸易部都各自有多个研究所。

3. 大学

（1）越南国家大学

河内校区，现为越南最大的综合性大学，由越南总理府直接管辖，在越南国家教育系统中占据着重要地位。下设 5 个研究所，即技术情报研究院、越南研究·发展科学研究所、教育品质提高研究所、微生物学·生物学研究所和法语圈情报科学研究所。目前有教职员工 3316 人，其中教师 1675 人、助教 243 人，取得博士学位的教师有 754 人；全日制学生 21806 人，其中研究生 10334 人。

胡志明校区是 1995 年将胡志明的多所高校改编后建立的，也属于总理府直辖，由技术、科学、社会人文、国际、IT、经济和法律 6 个学院组成。有教职工 5514 人，其中教授和副教授 215 人，其他教师数量 2565 人，全日制学生 51000 人。此外还有环境、天然资源研究所和医学系。

（2）河内理工大学

河内理工大学 1956 年设立，是越南最早的工科大学，也是培养各领域技术人才的国家重点大学，由越南教育培训部管理。有教职人员 1800 人，其中教师 1500 人，教授和副教授 240 人，获得博士学位的教师有 450 人；全日制学生 35000 人，其中研究生 2000 人。设立有材料科学、情报科学、软件工程学、卫星发射、精密仪器工程学等 20 个研究所和研究中心。

（3）越南科技大学

科技大学的前身是 1998 年成立的 Pyay 科技学院（PIT），1998 年更名为越南科技大学。政府技术学院于 2007 年 1 月 20 日被并入越南科技大学。越南科技大学的发展目标是通过专业工程教育为国家与社会经济发展作出贡献。通过教学、研究和科技研发，建立高素质的现代工程技术大学。

二、对外科技合作概况

全球化有利于让越南逐步融入世界科技发展潮流，让越南有机会与世界科技发达国家展开合作，与俄罗斯的科技合作也值得关注。在科技方面有合作与交流。越南与日本、美国、法国、德国以及以色列等发达国家开展了科技合作。发展中国家中除与相邻的老挝和柬埔寨有科技合作外，国际组织方面，越南与东盟和欧盟有较为密切的科技往来。

（一）与发达国家的科技合作

1. 与日本的科技合作

越南与日本政府间建立了紧密的合作关系，高层互访密集。日本是越南的最大援助国，经济关系非常紧密。在科学技术合作方面，越南与日本于2006年签署了政府间科学技术合作协定，2012年签署了原子能合作协定。基于以上两个协定，越南的相关机构陆续与“日本原子能开发机构”“物理化学研究所－天体物理学研究所”“航天研究发展机构－VAST”开展合作。

与越南开展科技合作的日本机构主要是日本科技部和学术振兴会。日本科技部在日本可持续发展科技伙伴研究项目和东亚联合项目框架下，开展与越南的科技合作。目前，在这两个框架下开展的项目有8项，涉及再生能源、遗传工程、气候与环境问题、防灾减灾、材料学和农作物种子培育等。根据越南政府颁布的《到2020年展望2030年的工业化战略》，越南在电子、农业机械、农产品加工、造船、环境和节能、汽车6个产业上优先与日本开展合作。

2013年，越南通过日本发射的火箭，成功将两颗自主研发的遥感卫星送入太空，并利用日本无人货运飞船将自主研发的小卫星送上国际空间站。越南还与日本太空战略办公室合作，开展了QZSS卫星定位系统搭配运用项目；与日本文部科学省联合开展了日本－东盟卫星群项目。此外，在航天人力资源培训及航天设备和技术转让等领域，两国也有较多合作。2014年，位于胡志明市占地13公顷、总投资3100万美元的越日高科技园区一期项目动工。2018年，日本电产株式会社（NIDEC）在越南和乐高科技园区投资4亿美元后又拟开展投资总额约10亿美元的三个投资项目。

如今，日本已成为越南最大的ODA供应国、第二大外国直接投资国（投资总额达520亿美元）和第四大贸易伙伴国（双边贸易额达330亿美元）。截至2018年8月，日本投资商对越投资额继续位居第一，达70亿美元。

2. 与法国的科技合作

越南是法国官方发展援助的第二大受援国。从 2013 年越法两国关系升级为战略伙伴关系之后，越法各领域合作不断深入发展。截至 2014 年，法国对越南提供的官方发展援助资金达 15 亿欧元，共涉及 75 个项目，涉及农村发展、能源、交通等领域。

越法两国政府同意，双方在法国有优势的领域如基础设施建设、高科技、能源、教育培训等方面加强合作，同时法国继续向越南提供用于基础设施、气候变化等领域的官方开发援助。其中，信息技术和传媒合作继续得到巩固和发展。多年来，越法通信传媒界一直保持密切合作关系，为越南电信基础设施、通信传媒及经济发展作出了重要贡献。法国政府近期表示将提供便利条件，推动越法在信息技术和电子政务领域上的合作关系不断深入。

3. 与美国的科技合作

近几年，越南与美国的科技合作在不断加强，主要涉及高科技和信息技术。政府部门是越美科技合作的主体，企业间的合作较少。美国驻越南大使馆大力推进越美科技合作。

信息技术方面，2013 年，英特尔（Intel）、微软（Microsoft）、IBM、甲骨文（Oracle）、摩托罗拉（Motorola）、高通（Qualcomm）等美国信息技术领先集团已对越南进行投资并在越南设立代表处。同时，Facebook、Google 等社交媒体和跨国科技企业也在越南进行投资并实现巨额盈利。2015 年 7 月底，越南科技部领导访问美国，访问期间双方签署了核能和平利用合作协议。越南科学院与美国国家航空航天局签署了有关航天研究领域的合作意向。

2016 年以来，越南与美国弗吉尼亚大学围绕信息技术、环境处理技术、生物科学技术等领域开展合作。2017 年，越南与美国就推动信息技术领域的合作举行了工作会议。美国同海防市、广宁省、胡志明市等越南智能城市建设计划中的主要省市领导举行了工作会议，并同越南邮政电信集团共同举行研讨会议，制订具体合作计划，确定合作项目。[①]

4. 与德国的科技合作

越南与德国开展科技合作始于1997年，德国与越南开展科技合作的机构主要是德国联邦教育与科研部（BMBF）、德意志学术交流中心（DAAD）。目前，越南科技部同德国联邦教育与科研部正保持密切配合，以实施德方可持续创新国际伙伴关系合作计划（CLIENT：II）框架内的各个项目。双方继续合作开展各项可行性较强的项目协助越南，尤其是九龙江三角洲地区解决气候变化问题的项目。此外，德国联邦教育与科研部实施了多个资助计划和与越南的合作项目。与此同时，德国各所大学及研究院也提出研究项目名单，以解决城市亟待解决的问题和与越南各潜力伙伴交换科学信息。

2014年，德国汉斯－赛德尔基金会与越南资源环境部签署了《2014—2016年绿色增长和可持续使用环境资源合作协议》，在环境、核电、可再生能源方面开展合作。未来，越南方面希望两国在德国具有发展优势的领域，如水资源管理、可持续发展、应对气候变化等方面有更多合作项目。与此同时，德国也表示愿为越南提供相关援助。德国方面认为，今后越南将成为德方可持续创新国际伙伴合作计划中的五大伙伴之一。

（二）与发展中国家的合作

1. 与俄罗斯的科技合作

越南与俄罗斯的科技合作涉及多个领域。2013年开始，俄罗斯为越南教育与培训部在河内创建的科技大学提供学术支持。这个项目是越南与外国政府合作创建世界一流大学工程的最新项目。同年，俄罗斯科学技术翰林院的“奥帕林（Oparin）院士号”研究船在越南芽庄驻扎，与越南联合

① 越南和美国加强信息技术领域的合作［DB/OL］. http：//cn. nhandan. org. vn/friendshipbridge/item/4950901－%E4%B8%9C%E6%B5%B7%E5%AE%89%E5%85%A8%E7%A0%94%E8%AE%A8%E4%BC%9A%E5%9C%A8%E6%B3%A2%E5%85%B0%E4%B8%BE%E8%A1%8C. html，2018－12－08.

开展海洋科考合作。2014 年以来，越南还与俄罗斯在油气田开发、通信、信息技术和大众传媒领域签署了相关合作协议。

2. 与老挝的科技合作

近几年，越南科技部与老挝科技部在植物园建设规划、细胞移植、基因保护、太阳能与水源利用、知识产权管理干部培训、计算机软件工程师培训、电子政府、信息技术发展等领域进行合作，取得了显著成效。越南表示将在发展科学技术、推动展开各有关项目以及人力资源培训、信息互换等方面继续向老挝提供帮助，同时希望老挝政府能为推动两国间相关部门的合作提供支持。

3. 与柬埔寨的科技合作

近年来，越南不断加大与柬埔寨的合作力度。越南与柬埔寨合作领域主要在农业和林业领域。2017 年越南总理访问柬埔寨时，双方发表了联合声明，签署了《关于越南社会主义共和国农业与农村发展部水产总局与柬埔寨王国农林渔业部水产总局的水产合作备忘录延期的公函》。

（三）与国际组织的合作

近年来，越南积极参与多边科技合作和与国际组织的合作。2012 年，越南政府通过《越南－欧盟关系总体提案》和《越南－欧盟关系发展的行动计划 2010—2015》，同年 6 月，与欧盟签署《越南－欧盟全面合作伙伴协定》（PCA）并启动了《自由贸易协定》（FTA）的谈判，这为推动越欧关系进一步务实发展打下坚实基础。

根据“欧盟援助越南长期专项”，可持续能源项目是欧越合作的重点之一。2014 年 12 月，欧盟在河内宣布为越南正式启动“2014 年至 2020 年指导计划”（MIP），提供了 4 亿欧元资金用于越南推动能源领域的可持续发展。

2014 年 1 月，越南与世界核电协会在河内联合召开了 2014 年第五届亚洲核电会议。同年 11 月，越南科技部与国际原子能机构（IAEA）联合在河内举办越南－IAEA 促进核电基础建设合作研讨会。2014 年 9

月，越南加入“气候智能型农业全球联盟”（GACSA）成为其会员。2015年，越南政府批准国际水稻研究所（IRRI）在越南设立代表机构，由越南农业与农村发展部与国际水稻研究所代表签署协议并具体负责协议实施工作。

三、与中国（云南）科技合作现状

（一）中越科技合作现状

1. 政府间科技合作概况

中越科技合作起步较早，合作领域广泛，交流频繁。1992年，中越双方签署了科技合作协定，建立了科技合作联委会机制，两国科技界间开展了广泛、有效的合作与交流，共同开展了一大批短期交流项目和长期合作项目，有力推动了两国经济和社会的共同进步与发展。“一带一路”科技创新行动计划和中国－东盟科技伙伴计划的提出，为中越合作开创了新的局面。2005—2018年，中越科技合作联委会连续召开了5次联委会会议，确定了合作主题和优先合作领域以及共同支持的长期研究项目和短期交流项目。

中越两国合作期间，因受到南海问题影响，两国间科技交流合作曾出现了波动起伏的状态。2013年，两国克服困难，增进互信，科技合作稳步推进。2015年，在两国高层的引领推动下，中越双边科技合作呈现转圜趋势。当年，我国农业部、卫计委分别与越南农业与农村发展部和卫生部签署了合作协议及谅解备忘录，并在胡志明市举行的中国－越南技术对接会上，双方企业签署了24个项目合作协议，签约金额4000多万元人民币。

2018年，中越科技合作联委会第10次会议召开，双方表示将在双边科技联委会机制下，围绕“一带一路”科技创新行动计划和中国－东盟科技伙伴计划，在双方共同关心的领域开展实质性合作，加强专家交流和人才培养，推动中越科技创新合作迈上新台阶。

2. 主要合作领域

中越两国的科技合作主要集中在以下7个领域。一是农业。中越两国在农业领域的科技交流与合作主要包括共建农业综合技术示范研究推广基地、农业技术研究、动植物品种培育、沼气运用研究、农业机械设备生产、农产品加工等方面。二是卫生。主要包括传统医药发展、药品和食品监督管理、医疗工作者培训等领域。三是新能源以及环保。包括加强应用可再生能源技术和产品合作，帮助提供技术方案和制定环保经济技术标准来解决越南日益严重的工业生产灰尘和废水所造成的环境污染问题，开展生物多样性、气候变化、工业节能、建筑节能方面的研究合作。四是装备制造。包括数控机床、轨道交通、计算机集成制造技术、工程机械、港口机械。五是水资源。包括水资源管理、水的清洁利用和循环利用、节水技术。六是材料。包括纳米材料、功能材料、生物材料、生物医学材料、环保材料。七是空间技术与应用。包括遥感、导航、地理信息、通信和卫星技术、小型卫星等。

（二）滇越科技合作现状

云南是连通东盟和连接中国西南地区的重要门户，区位优势明显，云南红河州、文山州与越南接壤。近年来，以滇越北部5省联合工作组会议机制、云南－越南北方农业科技合作交流研讨会以及大湄公河次区域农业科技交流合作组等为纽带，滇越双方在科技、农业、文化、教育、旅游、边境贸易、基础设施建设等领域开展了广泛深入的合作，取得了明显成效，对促进各方互利发展起到了重要作用。

2017年习近平主席成功对越南进行国事访问，中越高层会晤为五省市经济走廊合作带来新的机遇。同年，第八次中国云南与越南老街河内海防广宁五省市经济走廊合作会议召开，双方签署了越南河内跨境电商产业园试点项目协议，这个占地18公顷的园区包括仓储、物流等功能，也是越南首个开展B2C业务的跨境电商产业园。

1. 合作方式

云南和越南科技合作的方式主要有合作建立技术转移平台、共建农业科技示范园区和人才培养。

（1）共建技术转移平台

近年来，云南与越南间的农业科研合作正日渐走向成熟，尤其是双方构建的农业技术转移平台已取得突出成效。

2008 年“中越河内新品种新技术示范基地”在越南河内正式建立。得益于此平台，云南与越南企业及个人的农业技术转移从此不断加强。云南先后为越南提供了生长期短、成活率高、抗逆性强、产量高的热带花卉和蔬菜品种供越南进行试验。与此同时，还采取了在昆明培训与在越南现场指导相结合的方式，为越方培养大批的基地技术带头人，保证了云南花卉、蔬菜新品种在越南示范成功。

云南省农村科技服务中心与越南农业科学院签署了合作协议，于 2009 年在越南河内果蔬研究所、北方农林研究所基地建立“花卉、蔬菜示范基地”。项目实施以来，中方多次派出技术人员到示范基地进行技术指导，并提供所需良种和组培苗。至 2011 年初，已有近 10 家企业、科研单位及个人在越南河内开展了新品技术试验和示范。基地的种植面积由最初的几亩扩大到 700 余亩。①

（2）农业科技示范园区

滇越之间建立的农业科技示范园区，主要有越南海洋优质饲料生产国际合作科技示范基地和中国（云南）－越南（老街）特色农产品科技示范园。越南海洋优质饲料生产国际合作科技示范基地目前已建成 1 个饲料分析实验室和 3 个动物实验基地。按照项目要求，示范园将研发适合越南地区的优质饲料产品 20 个，建设全自动饲料生产线 3 条，实现年产优质饲料 4 万吨，以此满足越南市场对饲料的需求。而中国（云南）－越南（老

① 云南加强与越南农业科研合作 技术转移平台显成效［DB/OL］. http://www.chinanews.com/df/2011/03－10/2898082.shtml，2018－12－13.

街）特色农产品科技示范园则是以种植为主，示范发展蔬菜、食用菌（香菇）种植加工。①

（3）人才培养

依托现有的国际人才培训基地开展的项目。如云南农业大学依托“云南省农业科技国际人才培训基地”，已先后为越南举办过农业机械化、农业经济发展及管理等数十个短期培训班，受训人数达1000多人；举办了4期东南亚发展中国家生物技术培训班，累计培训来自越南、泰国、菲律宾、马来西亚等国学员60多人。

2. 滇越科技合作机制

云南与越南的科技合作机制有双边和多边合作。双边的有云南与越北的四省合作机制和云南－越南北方农业科技合作交流研讨会。多边合作机制有中国－东盟教育培训基地和GMS合作机制。

（1）借助云南与越南北部四省合作机制开展合作

从2004年确定了云南与越南北部四省经济协商会议制度以来，达成了诸多合作共识。在科技方面，共同推动矿产资源开发及农业合作，特别是水稻种子的科技合作以及蔬菜、花卉种植的合作。2005年由云南省农业科学院粮食作物研究所开发的“云光”14号新品水稻落户大湄公河次区域国家近邻越南和缅甸。2005年时出口到越南和缅甸的新品水稻种子分别为500吨和100吨，总额约合人民币780万元。2006年，越南在1万公顷的土地上推广新品水稻，面积占到该省水稻面积的四分之一。

（2）云南－越南北方农业科技合作交流研讨会

第一届“云南－越南北方农业科技合作交流研讨会”于2017年8月在云南昆明举行，越南农业科学院、云南省农业科学院、越南老街省农业与农村发展厅、越南老街省科技厅、越南河江省农业与农村发展厅、越南莱州省农业与农村发展厅签订了合作框架协议，加强了人员往来及技术合

① 熊燕．我省与东南亚国家共建科技示范园 科技国际合作支撑辐射中心建设［N］．云南日报，2015－08－17．

作。云南省农业科学院国际合作处、越南农业科学院科学与国际合作处为“云南－越南北方农业科技合作交流研讨会”的牵头部门。

2018年9月，第二届“云南－越南北方农业科技合作交流研讨会”在越南老街省成功召开。确定了老街省发展果桑，河江省发展橙子，奠边省发展木薯，莱州省发展温带果树，四省根据实际情况因地制宜发展中药材；确定了云南省农科院的相关研究人员为以上四个领域的科技合作负责人。

（3）依托GMS合作机制

大湄公河次区域农业科技交流合作组形成了较稳定的工作机制，运转良好，已是亚行GMS农业支持核心计划的合作伙伴。依托合作组，云南省农科院与GMS次区域5国相互交换陆稻、马铃薯、大豆、甘蔗等品种资源262份，其中云南省农科院提供的29个品种在越南等5个国家高产潜力明显。

云南省农业科学院长期开展大湄公河次区域农业合作，在已有合作的基础上，2013年10月，与柬埔寨农业研究和发展研究院、老挝国家农林科学院、缅甸农业水利部研究司、泰王国农业合作部农业司和越南农业科学院组织成立“农业经济工作小组”，并与省内外相关研究院所、大学及涉农产品生产及进出口贸易企业成立了“云南农业走出去产业技术创新战略联盟”，共同整合资源，开展实质性的合作。2014年10月，越南农科院派代表参加了由云南省农学院举办的大湄公河次区域农业科技交流合作组第六届理事会会议，并签署了植物保护创新研究倡议书。

3. 滇越科技合作领域

云南与越南科技合作领域涉及面广，其中，农业和新能源领域的合作非常突出。

（1）农业

云南省与越南的农业科技合作，在种子培育和进出口方面的成绩非常显著。

①马铃薯种子引进与培育

云南省与越南农科院、粮食商品学院、农业大学等单位达成意向，在云南省的寻甸、嵩明、会泽等县市发展3000—5000亩马铃薯种薯基地，云南成为越南最大的马铃薯种薯供应基地。随后，云南省科研单位再次与越南相关机构合作，由越南方面提供适合于我国种植的马铃薯种植品种，在云南研究、培育扩繁。仅在2008年时，越南方面提供的“荷兰金刚”等马铃薯品种，在云南马铃薯生产基地的种植已经达到了供种1000万粒，2009年达到了年供种5亿粒。

②输出水稻品种

2006年3月，根据我国云南省和越南达成的协议，云南省农科院、云南金瑞种业公司在越南河江省的北光、渭川两县开展了“云光”14号、16号、19号杂交稻的引种试验工作。引种稻谷成熟后，通过实地检查和验收，中越农业科技专家对项目实施效果给予了充分肯定和高度评价，认为从中国云南引进的“云光”系列杂交水稻品种，产量（亩产达620千克以上）、主要生物学性状（生育期102天，比当地地方品种缩短10天左右，抗病、抗倒伏等）、品质均优于本地品种，表现了良好的适应性。“云光”系列杂交水稻在越南北部地区的成功引种，增进了云南与越南之间在农业科技工作方面的相互了解，为云南省面向东南亚开展科技合作积累了宝贵的经验。

③花卉品种输出

从2003年开始，由云南部分花卉企业及专家组成的考察团就多次到越南考察和走访。经过精心筛选，专家们选择了越南林同、木州等地作为花卉基地，云南花卉从此在越南的土地上生长。在2008年时，云南省在越南的花卉生产和销售已经初具规模，通过与越南农业部果蔬研究院合作，现已在越南河内种植云南花卉百合、兰花近200亩，还培养了大批技术人员，为越南农民提供先进的花卉种植技术，提供优良种苗，帮助建设花卉大棚，带动越南农民一同种植花卉。市场方面，云南的玫瑰、蝴蝶兰、百合花等花卉品种已大批进入河内及周边20多个省市，云南的蝴蝶兰、百合、玫瑰等花卉品种正以优良的品质享誉越南市场。

（2）新能源合作

作为中国的能源大省之一，云南在大力发展太阳能、风能等新能源产业方面积累了丰富经验，能源产业已经成为云南经济社会发展的支柱产业。截至“十一五”末，云南通过实施“云电外送”，对越南送电量超过160亿千瓦时，为双方在能源领域的合作打下了坚实的基础。云南农村户用沼气发展处于全国前列，研发的“商品化户用玻璃钢沼气池”和“扁球形改性塑料沼气池”等专利产品具有较高的综合技术水平，在越南、缅甸、突尼斯、卢旺达等国家得到广泛应用。未来云南与越南的新能源也会进一步拓展在能源产业开发、利用领域的合作，实现互利共赢。

（3）生物医药

云南已基本形成以天然药物（中药民族药）为重点的中药材种植加工、医药及保健品研发生产、医疗健康服务、商贸流通等为一体的产业体系，以疫苗、单克隆抗体药物为代表的生物技术药取得重大突破，已发展成为国家重要的中药现代化科技产业基地和国家生物产业基地。2007年2月，云南东骏药业在越南设立办事处，成为中国较早在越南设立办事处的云南本土企业。同年，经越南卫生部批准，东骏药业获得越南卫生部颁发的“药品经营许可证”，拥有了与越南医药公司签订进出口合同的资格。接着，东骏药业投资100万元人民币，在越南注册成立了达到GSP（药品经营质量管理规范）条件的“越南国美药品贸易有限公司”，成为在越南可以合法销售医药产品的企业。在此基础上，2017年，云南省通过举办“大湄公河次区域传统医药交流会”等方式，进一步提升了中医药在周边国家的影响力。

（三）滇越合作需求分析

结合双方科技规划和云南省科技发展的强项，未来几年云南与越南的科技合作，最有可能集中在花卉种植、农业技术转移、林业合作、生物医药和清洁能源方面。此外，加强交通基础设施建设，提升通关便利化水平，也是滇越进一步共赢发展的重要基础。

1. 花卉种植技术合作

越南气候类似中国海南省，适合红掌、鹤望兰等热带花卉的生产。另外，越南年平均湿度在80%以上，年均气温14摄氏度左右，温差大，水热条件好，适合种植温带花卉，加之越南百姓也都有消费花卉的习惯，市场前景十分广阔。但在花卉种植方面，越南的花卉种植水平不高，种植面积零散，不成规模，这些潜在的机遇为云南省与越南开展花卉种植科技合作以及联合发展花卉产业提供了基础。

2. 农业技术转移

云南省与越南北部省区在水稻种子和马铃薯种植方面已有合作基础。近年来，越南北部四省陆续向云南省农科院提出了农业技术转移的合作需求，根据越南北部省区农业发展需求，可依托中越各类科技合作平台，申请澜湄合作专项资金和无偿援助资金，促进云南省与越南北部省区的农业技术转移的范围和种类，深化云南省与越南北部省区之间的农业科技合作。

3. 林业合作

澜湄合作首次领导人会议上确定了早期收获项目——大湄公河次区域森林生态系统综合管理规划与示范项目。目前已经制订了我国与越南合作的子项目设计。云南省在森林生态系统治理方面有成功经验，可积极推动云南与越南在边境地区森林生态系统治理方面的科技合作。同时，依托西南林业大学，制订亚太森林组织昆明培训中心运行中长期培训规划，全面提高培训质量，打造品牌。

4. 生物医药

云南具有区位、气候、环境、资源、文化等发展生物医药产业的多重优势，中药材资源种类6559种，占全国种类总数的51.4%，涌现出了云南白药、昆药集团、沃森生物、三七科技等一批知名企业，云南白药系列、三七系列等拳头产品也获得不少认可。越南民间长期保留着用中药治病的习惯，政府也非常重视传统医学的发展。越南对以往同中国在传统医药领域的合作非常满意，希望能加强与中国方面的合作。滇越可围绕如何在生物医药方面的资源优势转化为经济优势等方面加强合作。

5. 清洁能源方面

云南省通过与东盟秘书处、APEC 秘书处、联合国亚太技术中心紧密合作，成功举办了“中国－东盟新能源与可再生能源开发利用国际科技合作论坛”“中国－东盟生物质能源开发利用国际科技合作论坛”“亚太太阳能建筑系统技术研究应用研讨会”“APEC 沼气开发利用国际科技合作论坛”等 10 余次国际论坛、研讨会和培训班。通过会议和论坛的举办，搭建了中国与东盟国家的科技合作平台和交流渠道，有效促进了中国与东盟国家的国际技术转移，在与东盟科技合作工作中积累了丰富的经验，建立了良好的合作关系。越南在清洁能源发展速度方面也名列前茅。越南政府也十分鼓励清洁能源企业的发展。云南省在清洁能源发展方面具备丰富的经验与技术优势，云南省可与越南北部省区联合开发清洁能源，扩大清洁能源的使用范围。

四、进一步推动云南与越南开展科技合作的建议

近年来，随着越南改革开放力度的增大，越南方面开始积极采取各种形式加大对国际科技合作的投入，抢占合作领域与资源市场。这为中越科技合作提供了良好的基础。由于云南省与越南接壤，并有滇越北部五省合作机制，拥有较好的合作基础，未来可更加贴近双方发展需求，以可持续发展为目标，努力促成互利双赢的局面。为此可从以下几个方面开展工作。

（一）加强对越南科技发展布局跟踪和科技合作需求的研究

为有效促进中越以及滇越科技合作，需要加强与越南北部五省地区科技主管部门、研究单位的沟通，争取与科学家个人建立良性合作关系，并深入了解越南北部省区的发展诉求和在越南全国科技布局中的定位和发展目标，挖掘越方的科技优势和潜力市场，努力找到滇越科技合作的契合点和对接点。

（二）深化中国－东盟创新中心越南分中心建设

深化中国－东盟创新中心越南分中心建设。随着云南与越南的科技创新合作走向深入，相关部门和机构建立了广泛和深入的线上线下合作关系与渠道，围绕云南省八大重点产业、绿色能源、绿色食品、生物医药和健康生活目的地“三张牌”产业和数字经济建设深化产学研深度融合的务实合作。

（三）协助国家做好发展中国家技术培训工作

积极争取我国援外体系中对越南的援外技术培训班的承办工作，做好培训班的推介和招收学员工作，积极向越南展示我国以及云南省的技术进步和中国强大的科技实力。根据越南北部省区的发展需求，为越南相关领域科技人才举办专业培训班，帮助越南提高相关领域的科技能力水平，提升越方科技人员的专业技能，以扩大我国科技在越南的影响力。积极向越南推介云南省在农业科技方面的先进技术，并积极促进技术转移与技术转化工作。

（四）中国－东盟科技伙伴计划框架下推进滇越科技合作

针对越南科技人才不足的问题，在中国－东盟科技伙伴框架下，积极推进实施青年科学家来华工作和科技特派员工作。努力将中国－东盟科技伙伴计划中的合作项目与越南科技部所承担的国家科技发展的计划项目相结合，设计一批早期收获项目，突出务实高效，从而激发对方的科技合作积极性。

（五）鼓励滇越科技型企业积极参与专业技术展

积极支持云南省科技型企业到越南北部五省区举办专业技术展，也邀请越南企业到云南省举办专业技术展，加强双方科技型企业间的互访与短期交流活动。通过这些互动更加深入和准确地了解双方需求、优势资源和科技合作目标，以便使我国和云南省的实用技术和高新技术更快进入越南。

（六）促进农业技术转移

可以借鉴广西在与东盟国家开展农业技术转移中的经验，围绕越南农业发展需求和云南省优势建立联合实验室或创新中心，促进中国－东盟技术转移以及当地科技经济发展；吸引国内外农业科技创新力量进入云南，为云南更好地与南亚东南亚国家科技合作创造条件；紧密结合越南国家发展需求，积极利用云南省在技术转移和农业科技示范园区的现有平台，推进农业科技向越南的技术转移。

（七）强化新能源合作

为有效推进云南省与越南在新能源方面的合作，或能从以下几方面找到突破口：一是加快基础设施建设，依靠技术、成本优势，积极推动与越南在水能、风电和太阳能等清洁可再生资源方面的合作。二是通过能源合作推广“中国标准”，特别在太阳能光伏发电方面的先进技术，减少我国企业“走出去”面临的压力。三是企业“抱团”可以提升国际能源竞争力，审慎选择合作策略、投资方式和规模，分散合作风险。

（八）开展生物医药合作

一是云南省可与越南共同研究和打造滇越生物医药品牌，运用互联网与生物医药的深度融合，培育新品牌，提升滇越生物医药产品的核心竞争力。二是将我国在生物医药发展方面的标准，通过滇越企业和生物医药研发部门之间的合作进行推介，帮助越南规划标准化管理，以标准引领越南生物医药健康产业的发展。